U0636428

• 探究式学习丛书 •

暗黑劫持：调查者经历了什么

石 阳 编著

甘肃科学技术出版社

图书在版编目（CIP）数据

暗黑劫持：调查者经历了什么／石阳编著．--兰州：甘肃科学技术出版社，2012.1

（探究式学习丛书）

ISBN 978－7－5424－1600－1

Ⅰ.①暗… Ⅱ.①石… Ⅲ.①地外生命—青年读物②地外生命—少年读物 Ⅳ.①Q693－49

中国版本图书馆CIP数据核字（2011）第279469号

责任编辑 杨丽丽

装帧设计 林静文化

出　　版 甘肃科学技术出版社（兰州市读者大道568号 0931－8773237）

发　　行 甘肃科学技术出版社（联系电话：010－61536005 010－61536213）

印　　刷 北京飞达印刷有限责任公司

开　　本 710mm×1020mm 1/16

印　　张 12

字　　数 150千

版　　次 2012年3月第1版 2012年3月第1次印刷

印　　数 1～10 000

书　　号 ISBN 978－7－5424－1600－1

定　　价 23.80元

目　　录

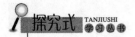

第一章　罗斯韦尔：余音不绝

第一节　罗斯韦尔的背景板

1944 年 12 月 13 日，盟军驻欧洲最高司令长官艾森豪威尔将军在与英国首相丘吉尔的联合声明中曾提出：“我们必须向第三支不明敌军宣战……”当时的美军参谋长乔治·马歇尔将军还以“为对抗来自银河部队的威胁”为由，发布了向“第三支军队宣战”的命令。

美国军方计划

1948 年 1 月 7 日飞碟再次在肯塔基州可特曼空军基地上空出现时，基地雷达捕捉到了这个直径约 80 ~ 100 米的圆形目标。曼德尔上尉驾驶的领队长机和 2 架僚机投入追截。曼德尔曾经报告控制台：“发现目标，它像一只碟子，金属制的，体积大得惊人，有一个圆环、一个圆盘、一排舷窗，正在高速爬高，我也要爬升。”三分钟后，曼特尔刚刚报告到：“目标很大，速度不可思议，现在……”

报告忽然中断，然后空中发出一声“轰”的爆炸声，飞机急速下坠，地面人员证实，曾看到一道类似“曳光弹”的强光从飞碟射出，击中了飞机。

肯塔基上空曼德尔机毁人亡的巨大爆炸声，在“二战”结束后的一片沉寂中显得格外惊人，大大震惊了华盛顿和美国空军，导致美国政府和空军全力以赴执著调查，下决心对付 UFO。从已解密的美国军方文件看，美国是在 1947 年（即阿诺德发现 UFO 时）就已秘密制订、执行了追查 UFO 的“号志（SLGN）计划”和“遗恨（GRUDGE）计划”。这段调查于 1949 年结束，在调查的基础上，美国中央情报局的罗伯森博士组织科学界讨论了“UFO 现象是否对美国安全构成威胁”。会议最后形成了一个“罗伯森报告”，450 页的研究报告已“解密”公之于世，结论是“UFO 事件纯属空军的责任”。

接着便由空军开始实施调查、分析美国境内 UFO 事件的“蓝皮书计划（BLUE BOOK PROJECT）”，大大加强了调查的投入。该计划受命于美国国防部，由空军参谋部的爱德华·J. 拉佩尔上校率领的五人小组负责领导，由科罗拉多大学的康登博士负责指导，并聘请了当时是美国 Dearborn 天文台主任、西北大学天文系主任的 J. 艾伦·海尼克博士为科学技术顾问。海尼克参加了蓝皮书计划（包括“号志”、“遗恨”）22 年调查的全过程，是世界公认的 UFO 专家。在计划执行过程中，有多达 200 名调查分析人员。顾问海尼克博士根据对 UFO 案例的分析，制订了一套评估系统。将目击案例划分为四种类别。

近距离目击到 UFO 称为“第一类接触”；看到 UFO 在地面留下降落痕迹的，如被碟体成片压倒的植物、高温烘灼的烧痕、着陆支脚的压痕等，称为“第二类接触”；亲眼目睹到UFO内的乘员便是“第三类接触”；地球人被UFO乘员挟持、绑架、体检或造成人畜伤亡、财产损坏的是“第四类接触”。

UFO坠落事件

飞碟性能如此优越，却也并非绝对安全，正当人们为飞碟击不落、截不获而无计可施时，想不到“天上真会掉馅饼”，失事飞碟竟像断线风筝似的自己从天上掉了下来。美国空军喜出望外，在开展“蓝皮书计划”调查的同时，美国空军与中央情报局联手，一直在极端秘密地回收在美国领空失事坠毁的飞碟残骸和外星乘员尸体，并将此行动定为“最高国防机密”。不论科技界和新闻媒体如何刺探和传播，一直三缄其口，讳莫如深，甚至还要以作假、说谎来掩盖秘密。

据美议员哥奴多德透露：“从1947年至1984年，共发生过近20起UFO坠落事件，几乎所有的残骸及乘员尸体均被回收运往秘密基地。”又据美国的一个学术团体“20世纪不明飞行物研究会”主席罗勃·D. 巴利先生透露说：“根据目前掌握的有关不明飞行物坠毁的报告，约有30多具外星人尸体在美国冷藏着，具体地点不明，不过有一处是可以肯定的，那就是俄亥俄州西南一个城市近郊的空军基地。”而据美国参议员比利·哥奴多德证实，这个回收、保管、解剖、研究UFO残骸和外星乘员尸体的秘密中心是拉特巴达松空军基地，普努努姆是秘密保管库。另一消息来源说“秘密研究中心”是在拉斯维加斯附近的“51号地区”。这一信息的依据是：美国在召开第二次UFO国际会议前夕，美国参议院前主席哥德华特曾专门邀请中国UFO名誉理事长孙式立代表中国前往美国参观非常机密的存放外星人尸体的地方——“51 号地区”。当时孙式立因具外交官身份和其他原因，未能应邀前往。由于美国空军当局的极端保密和严密封锁，“回收”秘闻扑朔迷离。尤其是名闻遐迩的罗斯韦尔事件，前后 50 年波澜迭起，几经反复，也许真有不可告人的秘密。下面列举的仅是已公开传闻或见诸报端的少数几例事件的材料。

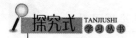

1947 年 7 月 8 日，美国新墨西哥州罗斯韦尔的《每日新闻报》刊出一条耸人听闻的消息：“空军在罗斯韦尔发现坠落的飞碟。”这条新闻马上被《纽约时报》等各大报刊转载，无线电波载讯传遍世界。这条消息像一枚重磅炸弹，在美国公众中引起轩然大波。人们从四面八方奔向美国南部的新墨西哥州。在距罗斯韦尔 20 千米外的一片牧场上，蜂拥而至的人流受到一排排铁栅栏和一队队荷枪实弹的士兵们的阻拦。

第二节　牧场上的残骸

1947 年 7 月 6 日晚，位于美国新墨西哥州的军事重镇罗斯韦尔电闪雷鸣、风雨交加。突然，有目击者看到一个物体发出焊枪似的强光在雨空中呼啸而过，坠落在罗斯韦尔以北。同时，一个已被罗斯韦尔空军基地和附近的白沙飞弹试验场四台雷达监视了 3 天的空中幽灵“目标”也随即从荧光屏上消失了。紧张的雷达操纵员、标图员总算松了一口气。过度的疲惫使得他们不想再查“消失目标”的下落。

第二天，天气转晴，住在镇郊方圆数千米牧场里的牧场主布雷泽尔父子起了个大早，双双骑马去 1600 米外的一个牲畜圈查看雷雨后羊群是否安全。

他们刚走不远，只见草地上有许多发光的碎块。布雷泽尔下马捡起几块掂量几下，既不像金属，也不像塑料；既不像陶瓷，也不像木块。总之，他不知道这是什么东西。据他说，碎片用刀切不开，用火点不着。再往前看，他们发现了一个破败不堪的庞然大物卧在草丛之中，像是一种图形结构。他把这一消息告诉了其他人，他们认为那可能是失事坠落的飞机，应赶快报告。

布雷泽尔把碎片交给了郡警察局局长，局长又转交给罗斯韦尔陆军航空基地的官员。马赛尔上尉是基地情报官，他被告知：在罗斯韦尔以西的一个牧场上有人发现了坠毁的飞机。上尉架着军用吉普，向出事地点开去。与此同时，几辆卡车满载士兵，风驰电掣般向牧场驶去。马赛尔排开众人向前挤去。已经在他之前到达的空军人员正围着那个坠毁物议论纷纷。此时，铁栅栏外面人头攒动，士兵在保护现场，维持秩序。马赛尔在现场转了几圈，捡起几块残碎破片。他不知道这是用什么材料制作的：其重量轻如鸿毛，但质地却异常坚硬。布雷泽尔带领两名情报官员来到碎片散落的农场。他们用了整整一天时间捡拾这些碎块，然后带回罗斯韦尔。

这个坠毁的飞行物不是飞机，作为一个空军情报官，他太熟悉空军和民航使用的飞机了，并且多次参加过坠机残骸的回收，但这次的坠机残骸却与以往的完全不同。突然，他的脑海里闪现了飞碟的概念。坠毁的东西虽已破烂不堪，但仍可分辨出它的轮廓：乌龟壳状，很大，直径足有 10 米；分内外两个舱，内舱直径也有 7 米；内外舱中间是一种空腔夹层，内有各种密麻的缆线。内舱似乎是驾驶舱，舱壁有一块板，上面有数不清的奇形怪状的控制机关；板前面有4把座椅，每把座椅上都有一具用安全带束紧在座位上的死尸。死者个头很小，只有一米左右；他们的皮肤白皙细腻，穿着黑色闪光套服，脚和脖颈都系得紧紧的，穿的鞋柔软而无硬度。使人感到惊奇的是，死者头很大，鼻子很长，嘴很小，手上只有4指，指间有趾相连……马赛尔无法控制自己惊异的心情，极力控制自己。这时，士兵们正忙着装车、搬运，一片忙乱。大块的残骸和死尸都被装上了带篷的卡车。士兵们在驱赶着围观的人群，并且命令离开的人必须保守秘密。7月7日下午，马赛尔指挥的回收小分队回到罗斯韦尔空军基地。上尉一下吉普车，就知此事已传扬出去，人人皆知。原来，基地另一位负责对外联络的情报官奥特中尉已向美国新闻界公布了这一消息。

8日晨，罗斯韦尔《每日新闻报》全文刊出了基地司令布朗查德上校签发的“新闻公报”：

7日晨，牧场主布拉索尔报告发现不明坠毁物。空军认定是飞碟，并直接采取了行动。现在，飞碟残骸已经回收，正由专人送往更高一级的总部。至此，有关飞碟存在的大量传闻已被证实。

出尔反尔

报纸的喧嚣，电台的鼓噪，惊动了五角大楼。美国空军副司令瓦特·范登贝格中将被责成处理此事。同时，空军参谋长亲临罗斯韦尔空军基地。指挥罗斯韦尔空军基地的空军第8军司令官拉梅准将受到上司的严厉斥责。拉梅又立即召传基地司令官布朗查德上校，表明空军以及他本人对“新闻公报”披露的飞碟事件的关注和忧虑，并命令将飞碟残骸用B-29运输机运来。布朗查德立即电令马赛尔少校采取保密措施，将残骸运到第 8 军总部福特沃尔德空军基地。

为了挽回“公报”在美国公众中引起的骚动，拉梅准将只好亲自出马了。在福特沃尔德电视台，将军举行了记者招待会。

面对一大群神态狡黠的记者，身经百战的将军显得软弱无力。他神色紧张，声音有些颤抖地讲道：“诸位对空军的‘公报’很有兴趣，怀有感情，”他极力想把话表达得圆满、考究，但却用词不当，引起人们哄堂大笑。将军继续说道：“所谓坠落的飞碟，不是别的，而是……而是机场的气象气球在夜空爆炸坠落在布拉索尔的牧场。罗斯韦尔基地的‘公报’是错误判断的产物。空军并不知道飞碟那玩意儿。”最后，他又加了一句：“起码，现在还不具备这个水平！”

记者们对他的解释将信将疑。一个记者问他：“将军，你所说的探空气球残骸在什么地方？”“就在我的办公室！你们看好了，我不能把它丢在野外！”

后来，他几乎用哀求的口吻说道：“记者先生们，大伙儿对飞碟好奇是没什么可指责的，但这却是一场误会。现在，真相大白，还是请诸位回去吧，忘掉这一切吧！”

记者们要求看实物。于是，基地气象员伊尔万 · 内克斯通在副官快速导演下，预演着一出滑稽戏。10 分钟后，内克斯通提着一只爆毁的气球，穿过走廊，走进挤满记者和摄影师的大厅。

他把气球碎片摊在地上，向着人们战战兢兢地声明：“这是我们气象台的探空气球，爆毁后坠落在布拉索尔牧场。有人说这个东西是飞碟，将军否认这种说法，特意叫我向大家作证。我认为将军是对的，这是典型的测温气球！”

与此同时，一位上尉军官正在对发现者进行严厉的训斥。

“你知道你的错误报告引起的社会混乱吗？”

“……”牧场主布拉索尔简直吓晕了，他抬起头，睁着惶惑的双眼。

“有人利用了你的发现，说是飞碟坠落，五角大楼感到很恼火。你必须出面澄清真伪，宣布你的发现是一场误会……”

布拉索尔愕然了，他像一个木偶操在别人的手里。他不明白军人为什么这样对待他，他想问个清楚，又不敢启齿。他是一个怯弱的人，更有些怕军人。

7 天以后，即 7 月中旬的一天，他像获释出狱一般离开了空军基地一间惩罚军人的禁闭室。短短的一星期，使他完全变成了另一个人，他仿佛时时感到有光束般的眼睛在盯着他，在追赶着他。他的精神迷茫而颓废，情绪消沉而多疑，2 个月后，他的精神分裂了。1948 年春，他在没有亲人陪伴下出走，因车祸身亡，卒年 43 岁……

没人忘记的罗斯韦尔

就在记者招待会紧锣密鼓召开期间，马赛尔奉布朗查德上校之命护送回收的飞碟残骸飞往福特沃尔德。不料，飞抵以后，马赛尔被客气地从飞机上请了下来。一位少校带着新的护送人员来接替他。

“少校，我奉将军之命来完成你的任务！”

新的护送组是将飞碟残骸和外星人分别用军用车辆运往拉特巴达松和爱德华兹空军基地，以对飞碟的结构、材料以及外星人进行分析、研究和解剖。参与这项活动的空军、中央情报局和联邦调查人员都对此守口如瓶。

1953 年，人们对罗斯韦尔飞碟事件的议论风潮引起了一位权势显赫人物的关注，他就是当时的美国总统、五星上将艾森豪威尔。

作为职业军人的这位总统，十分关心与军队有关的任何情报，而且具有相当高的鉴定能力。他初登总统宝座不久，便在政界宣布要对罗斯韦尔飞碟事件进行一次调查。但是，总统立即感到问题很棘手，他不但很难改变情报机构对他的敷衍态度，而且也受到来自军界的反对。但是，总统的权力还是巨大的。经过协商，艾森豪威尔在绝密条件下，秘密视察了与飞碟、外星人有关的爱德华兹空军基地。

在各方人士极力阻挠下，总统宣布公开罗斯韦尔飞碟之谜的决定未能实现。

第三节　一石惊起千层浪

全世界的瞩目

UFO 的大量出现，不仅引起美国军方人士的高度重视，事实上世界许多国家的军政要人同样关心着 UFO。鉴于此，联合国大会就天外不明飞行物访问地球一事举行了听证会。

1971 年 11 月 8 日，在联大第一小组会议上，乌干达驻联合国大使宾古拉先生曾作如下发言：

在不远的将来，当我们人类进入了宇宙与外星人进行接触时，完全有可能因为某些突发性事件而引起一场战争。这种危险性随时都存在。这不仅仅是某一个大国的问题，它与全人类的命运密切相关。现在虽然很多国家的政府都对 UFO 持否定态度，但在美、英、法、苏以及其他一些国家的科学家中，的确有很多人认为 UFO 是其他星球飞往地球的宇宙飞船，他们因此而深感忧虑。我认为，UFO 问题，应当成为联大的议论题。

1976 年 10 月 7 日，在第 31 届联大会议上，格林纳达的哥利首相也对 UFO 的问题作过发言，他说：

地球是人类共有的产物，知识也是人类共同的利益，因此，应当彼此分享。然而，在某国的档案库里，却隐藏着证明 UFO 存在的情报材料。尽管某国口口声声强调说由于军事上的原因需要保密，但实际上，它却是关系到地球以外宇宙其他星球是否存在生命的重大问题。不管这些问题有多么惊人、可怕，我相信，地球人类已经充分做好了接受它的思想准备。

这里的“某国”显然是指美国。事实也确实如此，美国政府掌握着最能说明事实真相的、世人无从得知的、数以百计的关于 UFO 的档案材料。后来发现的事实充分证明了这一点。1978 年，联合国第 33 届大会终于通过了格林纳达政府提出的有关 UFO 的决定草案，但它实际上却无法执行。

1977 年 9 月 21 日，美国亚利桑那州菲尼克斯市的 UFO 研究团体 GSW 的成员，以“情报自由化法”为依据起诉美国中央情报局。在审判中，由于 GSW 会长威廉斯波于先生、彼德翟凯尔先生以及纽约著名辩护律师彼得卡斯坦恩的共同努力，联邦法院终于在 1978 年 9 月宣布美国中央情报局败诉，并命令中央情报局公开有关 UFO 的绝密文件。

1978 年，美国中央情报局公开了以往矢口否认的 UFO 绝密文件达 935 页！当然，中央情报局掌握的关于 UFO 的资料绝不止此数，那些涉及重大内容的 UFO 文件至今仍处于绝密之中。

麦克菲耶的调查

45 年后，美国作家安内·麦克菲耶对这一名闻遐迩的重大事件抱着“打破砂锅问到底”的决心，重访罗斯韦尔，做了一系列调查考证。他通过艰苦执著的寻访和打探，终于找到了一些虽然年事已高而至今还健在的当事人，从而将当年军方匆忙缝制的伪装罩撕开了几条显露真相的裂缝。

走访的第一位证人是当年罗斯韦尔巴拉德殡仪馆的殡葬经纪人格林·旦尼斯。他说：“1947 年 7 月 7 日，我接到空军基地负责殡葬的军官来电询问‘有没有 1 ~ 1. 2 米的小尺寸密封棺材?’我做了肯定的回答。对方又接着问‘对户外放过的尸体，如用化学药品处理，血液成分会不会变?’我做了‘会起变化’的答复。后来出于好奇，我搭乘了一辆军方救护车进入基地，意外地见到停车处停放着三辆大型野战救护车，从打开的后门看到了车内装载着的是形状奇特的失事飞行器残骸，而其金属不像铝合金，而像经受过高温的不锈钢。正看着，一位上尉军官发现了我，立即叫两名军事警察将我押离基地，送回殡仪馆。”

证人旦尼斯还反映了另一位证人，当年罗斯韦尔空军基地的护士 X（其本人已在 1991 年去世，生前要求不透露姓名）所谈她当年亲身经历的情况：1947 年“事件”发生的当天，她走进一间房间去取医疗用品，看见室内有两位医生在解剖台前工作，在一张防雨布上躺着几具很小的尸体，有两具毁坏严重，其余相当完整。医生要她留下为他们做尸体检查记录，由于奇特，至今仍印象清晰。那小怪人只有四个手指，没有指甲，指间有蹼；头很大，头骨很软，容易变形；耳朵不是一个孔，而是两个孔，没有耳郭，仅有一盖片；嘴只是一条小窄缝，没有牙齿；鼻子只有两个空洞等等。

第三位证人是当年罗斯韦尔基地的机要员克里夫德·斯通，他的叙述明确而坦率。他说："1947 年，罗斯韦尔坠毁的绝不是什么气象气球（因为使用雷达反射盘的铝箔气象气球只有白沙镇施放，而在事件发生前9 个月和后9 个月却没有坠毁丢失过一个气球），而是地球以外的飞行物，我认为应该把事实真相告诉公众，有一份叫做'蓝色飞行'的报告，编号 314，放在弗吉尼亚州白洛依空军 7602 部队的分类保险库里。如果你能见到这份报告就得到了所有问题的答案。自从 1947 年飞碟坠毁事件以来，罗斯韦尔一带从波特尔到白沙，一直有飞碟活动，埃里达的几个农庄主看见的事简直叫你不敢相信。当然，他们不会把看见的事告诉陌生人，但他们确实看见了。"

美国政府的态度

而到 1997 年，这桩未了公案又起了新的波澜。正当罗斯韦尔数千公众热烈举行"坠毁事件 50 周年"纪念活动之际，美国空军当局发表了一份关于罗斯韦尔事件的真相资料，声言"发生在 50 年前的罗斯韦尔飞碟坠毁事件实无其事。当时回收的坠毁物是美国空军侦察前苏联核试验情况的'高空侦察气球'，目击者看到的外星人尸体也是用于'模拟跳伞演习的塑料或铝制假人'……"

美空军当局为什么对事实清楚、证据确凿、并在事发时已由基地司令主动宣布确认的罗斯韦尔事件，要如此声嘶力竭地一再加以否认。50 年前说回收的是"气象气球"，50 年后又说回收的是"侦察气球”呢？为什么接替杜鲁门的艾森豪威尔总统上台前信誓旦旦要“查明真相”，上台后又自食其言，一声不吭呢？为什么接替艾森豪威尔的肯尼迪总统刚宣布要公布“事实”，立即被灭口，含恨饮弹达拉斯呢？根据英国 UFO 研究专家莫斯·库德通过可靠渠道搞到的一份“绝密文件”，记述了这一事件的内情（美政府宣称文件是伪造的）。文件声称：

“当时的杜鲁门总统，特别重视罗斯韦尔发生的事，在极其秘密的特别指令下，成立了 MAJASTIC-12 委员会-代号为‘MJ-12’的国家最高机密委员会。参与这个委员会的 12 名成员是：中央情报局前任局长、海军少将罗斯克·海伦柯特；科学研究局局长万恩瓦布什博士；研究和发展联合委员会的前任主席罗伊德·伯克纳；著名科学家戴特雷·伯罗克博士；前任国防部长加穆斯·福勒斯特；杜鲁门的特别助手哥顿格雷；麻省理工学院机械和航空工程系主任哲罗姆·汉斯克博士；天文学家多纳德·门采尔博士等。

第四节　不放弃的军方

声称在新墨西哥的罗斯韦尔发现的人造物品的 48 年后，没有比美国空军部最后鉴定这些物质为二烯橡胶气球和雷达反射器更让人引人入胜。这是一个气雾气球，但却不是普通的气球而是一个用于高保密度寞格尔项目的特殊气球。在 1994 年 9 月 8 日发布 23 项的报告中，空军列出了此结论的证据。

访问目击者

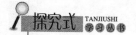

在刚开始的调查中，空军部调查人员决定他们并不去采访所有被飞碟（UFO）研究者称之为各种不同的目击者。然而，令人迷惑的是他们只采访5个人，3个人为离退休的空军人员另外两个与莫格尔项目有关。

其退休官员中极重要的一名是雪录旦·卡维特。后任空军中校所述，卡维特曾伴随他一起到事发地，这在马克·布雷兹的报告中阐述道。在他们3个中，只有卡维特仍然活着，并且很明显是其事件的关

键。我的第一次采访卡维特是在 1990 年 1 月，当他在亚利桑那塞拉维斯夫过冬的时候。在那次采访中，他告诉丹尼·斯迟梅特和我在 1947 年 7 月他并不在罗斯韦尔。他并没有发现飞碟、V-2 火箭和别的型号的气球。

1993 年 3 月，斯切密斯和我去拜访他在华盛顿州的家。在那次采访中，他给我展示了从 1947 年起的调令资料。根据第 121 条特殊文件标明日期为 1947 年 2 月 11 日。卡维特被任命到罗斯韦尔的反情报局工作，并在报告中指明 5 天，这说明，他确实是被派到罗斯韦尔，但在 1947 年的 7 月初，他并没有亲自到场，正因为如此，卡维特并不与这些事情如罗斯韦尔事件有任何关系。

我们再次采访他是在 1994 年的 6 月，他提到彭太格尔将军，但他并没有坦白地说明在罗斯韦尔的任何事情。事实上，当我问他为什么曾在他部队工作的官员迈克尔和莱威士·丽凯提指他是在罗斯韦尔工作的官员，卡维特说他并不知道是这事。尽管他告诉卫弗他在那儿修复气球，事实上，待丽凯提出了期间的工作地，卡维特仍然坚持告诉我们，他在这些事情中并不担任任何角色。

并非如此的事实

期间，包括对卫弗、卡维特的采访，我们从空军部的报道和支持性的报道得知事情并不是我们所被告诉的那样。卡维特对卫弗说："因此，我走了出去，我不能清楚回忆迈克尔是否和丽凯提与我一同前往，但我不能确信丽凯提是与我同行的，我们一同走往那处地方。如我所想的，检查诸如此类的问题，通过一些垃圾箱之类的。我回忆，它应该是一些小竹竿和可能为一些反射的东西，我们收集到了一些。我不知道我们是否试着收集所有的一切，你知道，它们并不是广泛地分散开。因此，它也并没有沿着地面，随处散发，我们收集以后并带回了基地，我记得我是把它交给迈克尔，我不能清楚地知道迈克尔是否在现场，他可能在那儿，我们带着这些到了情报局。”

卡维特告诉卫弗，他立即认出了这些碎物为气球的遗留物。他并没有解释他为什么厌烦，没有把这一相当重要的情报给迈克尔，而卫弗也没有问他，相反，卡维特保持这一秘密是因为让迈克尔表面上误认为这碎物为陆地的。并使威廉·布朗查尔继中将命令宣布军队再一次发现飞碟。

尽管卡维特继续称和他一同前往场地的是丽凯提，但空军部调查者并没有全力研究丽凯提所说的话，丽凯提在空军部开始调查此事时便死去，但他把自己的所见所闻录成了录音带和录像带。有趣的是，丽凯提提到他和卡维特一同前往目击地，但他也没有记得迈克尔是否也一同陪伴前往。

丽凯提提出了反驳卡维特的一些宣言的证言，在 1989 年 10 月 29 日的采访记录中，当丹尼·斯迟梅特问道：“这路上是不是有堵塞？”丽凯提答道：“是，在我们行驶去……路上有一点，有 MPS 在那里。”

丽凯提同样也描绘了他所见到的物质，他说他以为这物质不是金属但“它却非常重”描述此，他说道：“它的一边像箔那样非常亮而且会发光，并且它也不会起飞，”很明显，丽凯提是在讨论一些比箔更坚固且被用于附在寞格尔项目气球的雷达目标上。如果空军部调查问起此事，我将提供关于对丽凯提采访的录音带和录像带，可他们从没有提及过。

在对卡维特的采访期间，卫弗他是否曾宣誓保守秘密。卫弗写道：“卡维特，空军中校同样陈述了他并没有做任何宣誓或签署任何不谈论这一事件的协议。他也并没有由于此事受到政府内任何人的威胁。

简单答案便是卡维特，由于他个人和他所处的不为常人所提的社会地位。便是在这一事件后，他不能谈论此事，然而，作为事实的证明者却被卫弗和空军部队调查并暗示别的其他人对此秘密做了保证。

不能谈论

1947 年 7 月爱德华·雅士莱是在罗斯韦尔的普罗沃斯特的高级军官。我第一次采访雅士莱是在 1996 年 1 月 11 日。我告诉他我的身份并核查到他在 1947 年 7 月担任普罗沃斯特基地的高级军官。当他证实以后，我问他是否对飞碟撞击的故事很熟悉。他说道：“我听过此。”

我问道：“你是否对此有任何第一手材料？”雅士莱答道：“我不能谈论这个事情。”我改变了我的问题再一次问道，而雅士莱重复回答：“我不能谈论这件事情。”

我最后问道：“能告诉我你是否在撞碎现场？”雅士莱重复答道：“我不能谈论此事。我告诉你，我曾宣誓要对此保密：我不能告诉你这些。”

卫弗在他的报告中知道他曾评论 UFO 研究提供基金撰写的罗斯韦尔事件。其中包括对雅士莱采访的全部手写记录。但是卫弗却没有提到这一点。他既没有请求得到可在基金会得到的拷贝带子，他也没有向我问此。相反，他写道卡维特并没有宣誓要保密，并暗示没人如此。而在雅士莱磁带的陈述中暗示事实，军队官员是对这些事件宣誓保密。

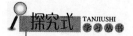

我们可以更深层地谈论这一话题。汤姆斯琼·杜柏斯后来为布莱哥尔将军在1947年7月为第八空军部的主要成员，丹尼·却斯密特和土坦通·弗利德门在1990年10月11日对他进行采访并录成录像带，杜柏斯说道："这确实是一个封面故事，气球为其间一部，从这地方收到了残余物，并由（将军）爱而·可莱克（在1947年为第八空军部在福特瓦斯基地服役）把这些东西送往华盛顿，但至于在他们身上发生了什么事，我便无从得知了。事实上，这期间一部分便是告知公众和新闻中所叙说的故事。那便是我们被告知这故事是给报纸或别的一些提供的。"如果卫弗曾问起，我将送给她一盒这样的录像带。

报道终结

政府不仅试着禁止让军官们谈论此事，他们同时也关掉收音机的报道。乔治·朱第·鲁伯特是广播电台KGFL在1947年的少数拥有者。记者瓦尔特·惠特莫采访迈克·布朗琪并计划播出其报道。相反根据鲁伯特、FCC代表和叫新墨西哥会议代表令电台不许播放布朗琪的采访，鲁伯特的报告中指出他被告知，如果他们这么做了，那么第二天他们将失去他们的许可证。那时便没有听后的讨论，而只是威胁、阻止对布朗琪采访的报道。

这所显示的便是这第一手材料的证言人所暗示的，是军队的官员和城市居民，并且所恢复的材料并不是由寞格尔气球项目安排组成的。卫弗曾接近过所有的这些数据，但却拒绝重新查看。而我也很清楚他为什么不想采访我们所采访的这些人，这似乎在于对那些退役具有高军衔的空军军官更感兴趣。他将不必依靠这些采访，而是通过带子进行重新观察。很明显，卫弗没有对重新回顾这些材料作出各种努力，他拒绝使用这一方法，是因为这将显示寞格尔项目解释中的缺陷。

对寞格尔项目证据的检查，让我们更清楚地知道这一事件并不像空军部让我们所相信的那样具有说服力。这与寞格尔的联系相当薄弱，并且空军部的调查人员并不能发现任何可以制止他们观点的文件。最终，这只是一个建立在现有极少证据上的猜测罢了。

为了让寞格尔项目的解说能够有实效作用，我们必须相信迈克尔中校是不能辨识普通型气球和 rawin 靶（一种测风的仪器）。我们也必须接受卡维特确认出的气球，但对迈克尔、布朗查尔德或别的人都没有叙说。我们也必须接受空军部的这一理论：寞格尔气球排列的特殊性将使得一些人不易分辨出来。

第五节　纠缠不清的材料

这里有两个非常重要的事实对这一假设产生互为影响，一个便是迈克尔，作为情报官员，与交叉路的运行有关。在 1946 年，自动监测在比凯尼出现。根据欧文·牛顿 1947 年驻扎在第八空军部的气象军官的叙说，rawin 靶是用于自动检测用的。迈克尔参与了这一自动检测是因为他是情报军官，很可能有机会见过这特殊的装置。

气　球

最重要的是在1947年7月初在俄亥俄，离斯克勒维尔非常近的地方有了一个发现。农场主雪尔曼·卡门普贝尔，在他的农场里发现了一个气球和rawin靶他立即就认出来了，但由于那发光的箔，他认为这很可能与一些飞碟报道有关。他把这些东西给市长看，市长立即就认了出来。然而，卡门普贝尔又把这带到了地方新闻工作室，在那里放了几个星期，而事实上，新闻处已经接受了由另外的农场主认出的rawin靶。

对于那些猜测军队如何发现气球的解释之说，似乎都是由他们一手造成的，报纸中的故事也只是让他们了解一下，同时且表明那并不是极少处，发现的rawin靶可能会使某些人相信，同时，这也表明那些对气球和rawin靶并不熟悉的人们更会把它当做一般的东西而不会很快认为他们是太空中来的。

卫弗然后使用好几个宣誓书出版在怀厅的报告中增强其理论的可信度，但他却从没有完全使用可获得的信息。在广义上，当由迈克·布朗琪创立寞格尔项目列出各种材料之时，是由那些见到并处理琐碎的人们的陈述中显现出来的。

杰斯·迈克尔先生，当他在布里盖德尔洛格·拉梅将军办公室看到所宣称的碎片的两张图片时，他告诉琼·曼尼一个在新奥尔良WWL电视台的报告说："这不是我所发现的东西。"他从照片上很快认出这是气球。那他为什么不能在布朗芝大农场上认出同样的东西呢？事实上，这的确是他在 1947 年所见的。

迈克尔在不同的采访中说："我对自己所见的东西极为惊奇……这并不是我所熟悉的东西……我不能分辨它，甚至想燃烧它……它看起来像白赛树，但是却没有任何烧焦的材料……看起来非常像白赛树，但却不确定。"

杰斯·迈克尔先生当他看到拉梅将军办公室中的照片时，他说在很广的范围上，事实上，这的确非常像他所见到的东西，但这些都不是他在 1947 年所见的碎片。他描绘了许多别人所观察到的奇怪特性。他又说了他所见的一个非常细小的 I-光束这一代表物是紫色而不是粉红色的，他们有一英寸的八分之三高，C·B 莫尔教授，蒙哥尔中的项目工程师说道，带子中的标志物是用于加强部分蒙哥尔排列的白赛树的，他们为粉红色大约 7 厘米高。

卫弗也引用沙利亚·苔德利尼的话，他写道在 1993 年 9 月 27 日她发表了她的宣誓书并提交给基金会。他说："我以为布尔（布朗芝）给我们所显示的是织物。这一东西有些像铝箔，有些像缎子，有些也像坚固制好的皮革，然而，又不是完全像其中的一种物质……这似乎有一个非常好看的适合于小孩穿戴的皮手套和一个沉重的银灰色金属的厚度，其中一边稍比另一边暗些。我不记得上面是否饰有任何图案或浮起的花卉图案……"

飞碟的材料

卫弗在他宣誓书的下面一段并没有涉及于此，因为这会产生很多问题。苔德利尼继续说道："布尔把这个传给大家，我们大家都触摸过。由于我做过裁缝，因而这给了我很深印象。在我触摸之后，我觉得并不像织品。他们很像是丝和缎，且两边的质地都是一样的。然而，当我在手中压皱此物时，这种感觉便像你所观看到的手上压皱的皮手套一样。当放松手，它很快就恢复原状，上面的皱纹很快就消失平展了。

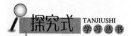

当我采访苔德利尼，他说把它烫熨，它对材料恢复原来形状没有任何皱纹的性能很感兴趣。这也意味着她不可能对任何东西再烫一次。

布尔·布朗芝已经在碎屑场地发现了一些材料，当他把这一些东西给他父亲迈克看时，迈克说非常像“我所发现的奇异的器械的一部分”。布尔说道：“我注意到锡箔的仅有原因是我从我的口袋中取出然后放进一个箱子里，当我把这一片箔放进箱子时我注意到了……这可恶的东西正好被展开，恰似平放着。”

这些所表明的是 1947 年在新墨西哥的情况并不像卫弗和其他空

军部调查员让我们所信的那样。如雅士莱陆军少校音像带中所陈述的那样，军队军百是对保密做过宣誓的，也正如杜伯斯将军的录像带中所陈述的那样有一定的虚伪性；也正如朱第·罗伯特在磁带中所叙的新闻媒体的隐瞒性，并在他今天告诉我们的话语中得到证实。很明显，在布朗芝农场发现的碎屑并不是气球和无线电高空测候仪的遗迹物，所有一切都打开了疑问之门，但这并不能完全排除寞格尔项目在这一事件中的犯错者的身份。这似乎意味着在布朗芝农场发现的东西并不为寞格尔项目气球的阵列，那里也有对添加的信息增强对这一事实的评说，而空军部有着与此相反的观点。

四号气球

首先我们肯定记得的空军部声称的1947年6月4日发射的第四号是产生这些碎屑的原因。他们在他们的报告中隐含着这些气球是某些特殊的东西。事实上，聚乙烯是一种可以为升级气球连续发展的材料，很可能由于其质地而愚弄了某些不老练的目击者。但由亲眼看过者提供的描述暗含着这并不是聚乙烯。然而，记录中表明第一个聚乙烯气球直到1947年7月3日并没有发射。因此，也不可能成为在布朗芝农场发现材料的根源。

根据阿尔伯特·卡瑞利博士所保存的日记得知，气球发射第四号是由一捆规划的由氯丁橡胶做成的气象学气球形成的。他确实含有一个音标或是扩音器，但根据可供文件显示它并没有连续阵列排放。由于没有重要的科学数据发现，所以也没有“官方”记录。查里斯·莫尔告诉我，他相信他们是在新墨西哥的阿拉布拉附近弄丢了发射四号的踪迹的。而这里离布朗芝农场南部三四十千米。遗憾的是并没有任何文件可以支持他的观点。

空军部没有清楚表明是在发射第四号中其气球并没有什么特别，没有可以欺人的东西。它们是标准化的气球，直径大约为40厘米，是由氯丁橡胶做成的。氯丁橡胶在太阳光的曝晒后，由黄褐色转变为黑色，这颜色也并不相同，直接暴露在太阳光的部分比未暴露在太阳光下的黑得更快。其原因为橡胶可与太阳光的热与光发生反应。如试着剪切或燃烧，都是会成功的。并且确实有些人，如果不是迈克尔，会认为这些材料是从氯丁橡胶气象球来的。

但是这里非常重要的是唯一一个记录飞行四号的文件告诉我们，它是什么并且这里并没有无线电高空测候仪靶来形成金属碎屑。卡瑞利博士的日记直到6月5日显示着第一次飞行中没有整套排列，而那些碎屑又是在罗斯韦尔东部再次发现的。

空军部坚持认为气球待在地面一个多月。罗斯韦尔日行记录暗示发现气球第一次是在6月14日，是在发射后的10天，但保留了3个星期。这种陈词不仅与别的有冲突，就与农场主告诉我的也有冲突。

根据农场主的观点，这种碎屑是不会留在草坪上的，因为家禽会吞噬它们。而这种碎屑也会杀死动物，所以农场主们是不会把他们留在家禽可以食到的地方。如果布朗芝在6月14日发现了它，它是会在当天把它拾起来的。而对留在田里来报告的唯一原因便是为迈克尔和卡维特在7月7日的发现提供解释的机会。

莫格尔项目

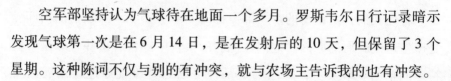

这里的第二个存在的问题是贝斯·布朗芝·斯却利泊报告指出她和她父亲收拾了所有的碎屑并把这些填充在四个粗布包里。如果这是

正确的话，那么就没有可留给迈克尔和卡维特后来的所见了。迈克尔告诉报告者“我们捡起了一些，但很大的一部分仍留在后面”。很明显，那里有比寞格尔气球与连续排列所描述的更多物质。

空军部同样暗示这里有伪装来保护寞格尔项目的理由，当这项目本身被高精度的分类气球、无线电高空测候仪和其他设备作为部分陈列排列发射是不能分类的，如果他们知道气球是从阿拉蒙格洛尔的空军基地被发射，前苏联代理局将很少再发现情报价值。

事实上，与气球相连是如此少的，以至于关于它们的故事发表于阿拉蒙格洛尔上，如果前苏联代理局对寞格尔和气球感兴趣的话，这篇文章将提供给他们更多线索，这里有聚集气球的图片，更重要的是，瓦特森试实验室和与那些发射有关的一些人，同样被提到。

如果布朗芝所发现的，只不过是实验气球，那将没有为这些所发生的精美事件提供理由了，布朗是会认识出来并且处理掉而不会与地方官员在罗斯韦尔军队协查了。如果贝斯的话可信的话，这将极为正确，她声称她们拾起了所有的这种物质。

如果这正像雪利丹·卡维特现在所声称的这只是一个气球，他又为了什么不对所有人提起而是把这一主张由第八空军部的官员提出，他这样做是为了让自己成为第509个宣称他们有飞碟而难为情。

孰是孰非

另外，布吕盖笛尔将军还有一个证据：阿舍·依克松报告指出，在1947年他有幸飞过那碰撞点和碎屑地，他说：“这很可能是同一事情的部分内容，但有两个清楚易分的场点。假设这东西，凭我的理解范围，在我飞过后往四，那看起来似乎是从东南到西北，但或许也会朝相反的方向，但看起来都不像。因此，在西北部那片在农场上发现的大多数是金属。

他的证言证实了两个场所，那些场所的背离和有效清除寞格尔计划。没有方法为寞格尔计划创造出同一事件的两个截然不同的场所，也不能为寞格尔计划创造由依克松将军在另一谈论中，所提供的半圆。

寞格尔计划为布朗芝农场的事件并没作任何解释，那里有太多的语言来自于太多的第一目击者，事实上，我用的这仅有的语言是从观察者第一手材料得知的，当所有的数据检查过，很明显，寞格尔对其是不充分的。

事实上，GAD 在为斯第芬・斯却弗的形势作回汇报后，检查了空军的位置，发现了材料不足够。GAD 报告指出："空军部的报告结论为以下两个，另一个为所有可获得官方材料指明了大多数类似遗骸的资料是寞格尔计划连续中的一个回复。

这必须指明 GAD 并没有写出结论而只是报告一下。在另一环境下，当 GAD 调查证实这些信息时，他们评论这点，在这一事件中，并没有这样正面的评论。

但是这里必须提到另一个事实，在 1994 年，空军部便声称这报告将成为他们的罗斯韦尔的最后证言，他们已经解决了这一事情，然而，许多 UFO 调查者报告说：空军官员仍然在整理数据，这将意味着他们所重复发现的东西为一艘碰撞飞船。当然，这就与他们空军部在 1994 年的报告相左，如果空军部用他们的寞格尔计划气球解决了这一问题，那他们为什么仍然在调查?

这些没有一个能直接导致外星人的解释，而证据全让我们朝这一方向走，但仍需记提的是所有的外星人的解释已被军队记录，目击者的证言和找到的这些证言文件失败且已消除。调查一结束，所有的证言检查完得出猜测这不可能，也不能证实窠格尔项目。

知识链接一

有关 UFO 的最早报道

1878 年 1 月，美国得克萨斯州的农民马丁在田间劳动时，忽然望见空中有一个圆形的物体在飞行。当时，美国有 150 家报纸争相报道了马丁的发现，这是人类历史上最早见诸报端的“不明飞行物”的报道。“不明飞行物”的英文是“UnidentifiedFlying Object”，缩写为“UFO”。

知识链接二

飞碟是存在的

1979 年 11 月 11 日，西班牙一架民航客机在飞行途中遇上了 UFO。该飞机上有 109 名乘客和 7 名机组人员。飞行途中，他们看见有两道强烈的红光，飞快地划过天空，朝他们飞来。经验丰富的驾驶员马上命令乘客们系好安全带。为了摆脱这个 UFO，飞机从 7315 米急降到 3100 米的高度。没想到这个 UFO 跟踪急下，并两次企图接近飞机。驾驶员只好向巴伦西亚机场发出呼叫，要求紧急着陆。这时，那个UFO显然也要跟着下来。巴伦西亚机场的负责人和工作人员都看到了这个神秘的UFO在上空盘旋。当时先进的雷达装置也发现了它，并看到它在30秒钟内下降了3658米。事后，西班牙运输大臣说：“很显然，飞碟是存在的。”

第二章　瓦朗索尔：压力下的挣扎

第一节　外星人的定身法

瓦朗索尔事件发生在 1965 年 7 月 1 日（星期四）清晨 5 时 45 分左右。那时，太阳已经升起，晴空万里，风和日丽。目击飞碟着陆案的是一位名叫莫里斯·M 的农场主，当时他已经结婚成家，有了两个孩子，他家世世代代住在瓦朗索尔。这位 41 岁的诚实者在瓦朗索尔镇开了一家熏衣草香精提炼厂。飞碟着陆的地方叫“奥利沃尔”，它在一片宽阔的田野里，海拔 600 多米，在瓦朗索尔镇西北 1.5 千米处。那里是一块种着熏衣草的平坦之地，南面 50 米的地方是一堆断墙残垣，旁边有一条农民来往走动的泥道。这泥道在田野上弯弯曲曲，同瓦朗索尔——马诺斯克公路（南边）和瓦朗索尔——奥赖松公路（北边）相通。奥利沃尔就夹在这两条公路之间，同两条公路相距都为 700 米。在 1965 年那个时候，奥利沃尔北边有一道东西走向的灌木林带，林带外有一个小葡萄园。葡萄园的西边有一个长满荆棘的两米多高的乱石堆。葡萄树和灌木林已在 1968 年被拔除，种植熏衣

草的那块地在1969年10月也得到了翻耕。从前，这里到处都种这种草，而现在却成了一片麦地。但乱石堆和断墙残垣依然如故，人们借此可以十分容易地找到当初飞碟的着陆点。我自己就是根据目击者的叙述，凭借这些依然存在的标记才找到着陆点的，误差仅仅几米。

莫里斯的奇遇

那么，瓦朗索尔事件究竟是怎么回事呢？我们所了解的情况完全是由莫里斯·M提供的，因为他是直接接触了飞碟的唯一当事人（地上留下的着陆痕迹当然是一个不可低估的重要证据，但这个证据不能详细说明着陆经过）。大家知道，在出事后的第二天，M先生向瓦朗索尔宪兵提交的一份目击报告中说，他离飞碟和飞碟乘员有一段相当远的距离。可是在8月18日，即事后一个半月，当迪涅宪兵连的连长瓦尔内上尉向他调查时他又说，他当时离飞碟很近，并详细地看见了使他“瘫痪”的类人生命体的具体面貌和形状。但是，科德隆缩小了第二份目击报告的重要意义，说什么目击者所说的飞碟下出现的外星人的特殊形状是事情发生以后一些“飞碟主义者（调查员）”拜访目击者时给他灌输的，这样，8 月 18 日宪兵的调查报告里就出现了莫里斯 · M 所描绘的“火星人”那样的绿色侏儒的神话。

由于这些流言蜚语造成了一定的影响，因此在解释第二份目击报告中叙述的事实以前，在详细介绍 M 先生的薰衣草地里发现的那些痕迹之前，我认为有必要按时间的先后说一说从目击者开始向人谈论此事后所进行的一系列调查。这样，就可以使读者看到，科德隆的说法是毫无根据的。

一个飞碟突然从天上降下，停在莫里斯 · M 的薰衣草地上，几名飞碟乘员使 M 先生手脚僵化，对他用了“定身法”。后来，飞碟乘员飞入舱内，飞碟骤然升起，转眼间消失在远空之中。当莫里斯 · M 恢复知觉，四肢重新能自由活动后，又发生了什么事呢？据目击者说，他恢复正常后就继续劳动（下面我们还要谈这一细节）；在 9 时左右，他坐上拖拉机返回瓦朗索尔自己的家中，仿佛刚才什么事情也没发生一样；10 时左右，他离开家门去“运动场咖啡馆”，老板穆瓦松是他的好朋友。

穆瓦松先生一眼就看出莫里斯 · M 的神色不正常，他发觉 M 曾受过严重的惊恐而脸色难看。于是，咖啡馆老板把 M 叫到柜台后面详细地询问他，这时 M 头一次向别人谈论自己的奇遇。这次叙述是不完整的，许多重要内容都没有包括在里面。

莫里斯 · M 又回到了家里，他把父亲叫到一个房间，单独向他讲述了清晨的所见。在这一次叙述中，他把不敢向咖啡馆老板讲的情况都说了。这些情况十分奇异，他怕说出去会惹人嘲笑，因此只能跟父亲诉说。我们始终不知道M先生向他父亲透露的细节。可是，根据他父亲后来的披露，他似乎给父亲详细地讲了他近距离观察到的飞碟的情况以及飞碟乘员跟我们地球人的不同之处。可是，莫里斯·M对其妻子和孩子们只是谈了一些一般的情况，以免他们大惊小怪，产生不安心理。在事后几个星期里，莫里斯·M向报界发表了多次谈话，其内容始终没有超出他向妻子儿女们所讲的那些话。1965年7月2日他向宪兵提供的第一份证词，其内容大体上也没有超出这个范围（原来，宪兵们是从“运动场咖啡馆”老板的嘴里得知这起飞碟案件的。于是，第二天宪兵们就开始了调查，并奔赴现场察看，把着陆痕迹拍了下来）。从这以后，新闻记者们络绎不绝，纷至沓来。瓦朗索尔一时沸腾了起来。宪兵们和目击者接待了一批又一批来访者，回答了一个又一个问题。凡到瓦朗索尔来的人，都要到熏衣草种植园那块名叫奥利沃尔的土地上去看一看飞碟的着陆痕迹。无论是瓦朗索尔本地的，还是附近一带的，甚至是全法国的好奇者都要到现场去一睹为快。连美国的飞碟探索者，也给瓦朗索尔宪兵队拍来一份又一份电报。可是，奇怪的是，得到这次飞碟着陆及近距离接触飞碟乘员消息的调查员们却迟迟不去现场调查。甚至到7月2日或3日，他们中也没有人去拜访莫里斯·M先生，就好像没必要同这次重要飞碟案的目击者接触似的。

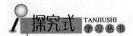

新闻界的公允与偏颇

那么，事情传出之后，新闻记者们一开始是如何报道此案的呢？这个问题的答案要到当时的报纸中去找，特别是要到法国东南部的地方报纸中去寻找，因为这些报纸最先向现场派出了报道员，最先刊登了有关飞碟着陆的消息。在那个阶段，几乎所有的报纸都报道了此事，但都千篇一律，大同小异，其内容都是：莫里斯·M先生在很近的距离（数十米）内看到了一个飞行器和几个飞碟乘员，他看清了他们的样子，发现了他们奇特的外表。举例说吧，《普罗旺斯报》1965年7月3日发表了记者维克托·纳唐在瓦朗索尔宪兵班班长奥利瓦中士陪同下对莫里斯·M的采访记。根据这份报道，M曾说他是在30米的范围内看见飞碟的，它的形状像橄榄球一般，有多菲纳牌汽车那么大，停在四个撑脚上，上面有个圆盖，侧面有舷窗（可是，M先生对宪兵说，飞碟有六个撑脚。这数字上的错误大概是记者的疏忽。M还说，当他听到声音时，他正在乱石堆附近，离飞行器约80米远。不过，M对记者暗示，他后来朝飞行器走了过去，而且靠得很近）。

在目击者向《普罗旺斯报》记者和其他新闻记者的谈话中有一点十分重要，即莫里斯·M先生把他看到的飞碟乘员描写成侏儒。他说："在地面有一个8岁孩子那么大、那么胖瘦的飞碟乘员。他穿一件上衣连裤衫，但头上没有帽盔，手上也没有戴手套。在飞碟座舱里，我看见那里还有一个人。突然，那个站在地面的飞碟乘员转过身来朝着我，一看见我他就纵身一跃跳人了座舱。一扇滑动门在他身后关上后，飞碟就以令人眩目的速度起飞了。"目击者从一开始就对新闻记者详细准确地描述了飞碟乘员的个头、头部和手以及飞行物本身，这说明他的叙述是真实的。此外，他在各种场合的多次谈话始终是一致的，而且他所提供的那些细节确实是30米以内可以凭肉眼观察得到的。

然而，那些爱嘲弄人的新闻记者到瓦朗索尔来是别有用心的，他们或是分别询问M先生和宪兵班班长奥利瓦中士，或是一起让他们回答各种问题，希望从他们的谈话中找到矛盾，以便把目击者描写成好作弄人的骗子，然后在公众中制造混乱，降低瓦朗索尔事件的真实性。可是事与愿违，奥利瓦中士在接受记者们的采访时，在谈话中丝毫也没有怀疑 M 先生所提供的那些细节的真实性和可靠性。从事情发生后头几天起，奥利瓦便从目击者那里得知，M 先生在公开谈话中没有和盘托出，其中有一点他是故意隐瞒的：即那天早晨，他向飞碟乘员走了过去，而且走得很近，因此他十分清楚地看到，那些矮人不是我们地球人。由于目击者签字的第一份目击报告中没有这个重要的细节，因此宪兵班长奥利瓦在公开场合也不能透露这一点。只是过了一些天以后，他才向少数几个人含糊其辞地谈了这一情节（例如埃梅·米歇尔）。过了好几个月之后，我才从这位班长那里详细地得知这一重要情况。因此，许多新闻记者和飞碟机构的调查员根本不知道这一点，就连有名的法官肖塔尔先生也没耳闻这个细节。他在 9 月 6 日来到瓦朗索尔，以私人身份调查了这起飞碟案，但 M 先生仍没透露他走近飞碟乘员的情况。在第二份目击报告中，M 先生对自己所以没有和盘托出做了一番解释，他说："7 月 2 日，在我的第一份证词中，我没有把全部情况都写出来，因为我看见的事实在太奇怪，我怕说出来会有人讥笑，担心别人会把我当成神经病患者，将我送入医院。我在当天早晨就明确地意识到，自己看到的不是我们地球人。"

躲不开的记者

记者们当时并不知道这一切内情。持怀疑态度的人强调说，乱石堆离飞行器有 80 米远，目击者透过灌木林看这么远的东西是难以看清的，他一定是把正在演习的军用直升机错当成了飞碟。对此，莫里斯·M先生强调指出，什么叫直升机，他是十分了解的。他所遇见的那个飞行器一无旋翼，二无螺旋桨的叶片，怎么会是直升机呢？此外，事件发生后，宪兵曾向部队进行了调查。有关人士说，那几天没有出动直升机，其他军区的直升机也没有经过此地上空。因此，直升机的假设是站不住脚的。

7月3日，星期六，日夜受到猎奇的新闻记者困扰的M先生携带家眷，离开了瓦朗索尔，来到科特达祖尔附近的吉昂镇，在他的一个近亲家暂时躲避一下无休止提问的记者。可是，就在这个偏僻的乡镇，无孔不入的欧洲第一电台的记者还是神奇地找到了M先生，请他为电台观众发表谈话。M先生已经记不住这是第几次重复他那讲得滚瓜烂熟的、不包括某些重要情节的谈话了。从吉昂返回瓦朗索尔的当天晚上，M先生实在憋不住了，他突然放声大哭起来，接着就把目击飞碟乘员的前前后后一股脑向他妻子儿女做了十分明确的叙述。新闻记者们当然没有弄到这么详细的情况，但同目击者保持密切关系的宪兵不久就从他妻子的嘴里了解了全部底细。

第二节　莫里斯：完整的真相

并非虚构

这些情况，我是在1965年8月中旬从朋友埃梅·米歇尔那里得知的，他在8月7日、8日两天亲自到瓦朗索尔调查了这起飞碟案。

米歇尔的一个弟弟居斯塔夫在瓦尔内上尉手下当宪兵，他参加了第二阶段的调查，因此告诉米歇尔，目击者M先生在第一份报告中没有把全部情况交代出来。在现场，米歇尔发现瓦朗索尔的宪兵对飞碟案的经过了解得十分详细，而有些重要的情节他却一点也不知道。由于他是一个宪兵的哥哥，因此他很快就从目击者嘴里了解到了许多情况。在埃梅·米歇尔的敦促下，M决定写他的第二份目击报告。目击者的父亲是位老战士，他在1914年至1918年间，曾参加过多次激烈的战役。他从爱国主义的角度说服儿子，对军队和宪兵不要隐瞒任何一点事情。他的劝导，对M下决心和盘托出起了不小的作用。

8月18日，M先生拿出了第二份目击报告。在此之前，瓦尔内上尉曾特意从迪涅再次来到瓦朗索尔，对M先生进行了一次长达8小时的友好交谈。

掌握了大量材料的埃梅·米歇尔随即写了一篇长文，发表于英国《飞碟评论》双月刊1965年11至12月号上。1966年3月，美国空中现象研究会会刊《空中现象》转载了这篇文章。在此之前，即在1965年第3季度，该会会刊已经刊登过肖塔尔先生的一篇杰出的调查报告，详细叙述了M先生的目击经过，并强调了目击者的朴实和坦诚。《飞碟评论》双月刊又在1968年1至2月号上发表了埃梅·米歇尔的另一篇调查报告，作者在这篇文章中着重从心理学角度分析了飞碟着陆案对目击者产生的影响。至于我，在事后的几年里，我曾多次前往瓦朗索尔进行反复的调查和分析。在上普罗旺斯天文台驻瓦朗索尔人员的帮助下，我获得了大量第一手材料，接着我于1973年冬，在法国国内广播电台组织了一次飞碟直播。提升为中校的瓦尔内先生、肖塔尔先生和目击者M先生都向电台听众发表了谈话，法国人民这才比较全面地了解瓦朗索尔事件。

综上所述，瓦朗索尔事件决非是事后由调查员诱导目击者杜撰出来的，也绝非像我国“新飞碟学家”们所说的那样是传播媒介添油加醋拼凑起来的。事情的发生是一个事实，报刊是过了很久很久之后才逐步了解全部经过的。

现在，我们总算已基本搞清了事实，因而可以叙述一下莫里斯·M先生提供的完整的目击情节，可以描绘一下他的熏衣草地里的痕迹了。

完整记录

莫里斯·M及其父记得在6月的最后一个星期，那天清晨到达奥利沃尔准备劳动时（当时正是开花季节），他们发现多处熏衣草被碰折，好像有令人讨厌的人把嫩枝掐走了似的。

而那件事则是从7月1日早晨5时45分开始的。M先生听到一阵尖利的“嘶嘶”声，好像是钢锯在锯金属时发出的声音。这声音是从薰衣草地那个方向传来的。在听到这个声音前几分钟，M先生还中耕过这块地。这时，他正在乱石堆后面休息，他的拖拉机就停在乱石堆附近。正当他掏出香烟要点时，这阵奇怪的声音吸引了他的注意力。他透过灌木林屏障向薰衣草地里看去，发现80米以外的地方停着一个东西。一开始，他以为是一架直升机，随即又以为那是一辆雷诺汽车公司生产的多菲纳牌轿车。因为那物体没有旋翼，呈圆形，大小同多菲纳牌轿车差不多。M先生十分好奇，没有点烟就站起身来向南面走去，越过了葡萄园。他心里怀疑了起来，这车上的人是否就是头几天夜里折枝偷花的小偷呢？他猫着腰朝“多菲纳”靠拢过去，走起路来十分小心。他要来一个“当场捕获”，给那些小偷以出其不意的打击。当他走到薰衣草地边的灌木林时，他已经看得十分清楚了。这时，他发现那东西根本不是汽车，也不是直升机，而是一个形状古怪的椭圆物：它像一只巨大的蜘蛛趴在地里，圆球底下有两个人蹲着。在好奇心的驱使下，M 战胜了畏惧，穿过灌木林，进入开阔地带，走入了他的薰衣草地。此时，那个东西离他还有几十米远。他看到那两个人很矮小，正面对面地蹲在那里，看上去他们似乎是在观察一棵熏衣草。随着 M 渐渐向前靠去，他越来越清楚地看到了他们的外部特征：他们脑袋奇大，脸形同地球人的脸完全不一样。这时他已明白，眼前那两个人不是地球人。当 M 先生离飞行器只有五六米远的时候，对着他的那个矮人看见了他（或者说，他假装只是此刻才看见了他）。那矮人好像向背朝 M 的那个飞碟乘员做了个手势，因为第二个矮人也转过身来，两人同时站了起来。与此同时，刚转过身来的那个人右手从右侧的一个盒子里取出一根管子对准 M。

从这个时候起，M 先生顿时感到自己“瘫”了，想动也动弹不得。然而，他又感到自己并没有麻木，也不紧张，畏惧心理也没有了。他看到那个矮人将自己定身之后，就把管状物放入挎在左侧的第二个较小的盒子里。那两个飞碟乘员站在原地“讨论了几分钟”。M 只听到一阵咕噜声，但不知道这声音是否就是从像个小洞一样的嘴里发出的。他们的眼睛动了几下，神态高傲，但不怀恶意。恰恰相反，M 隐约感到眼前的这两个人很“和蔼可亲”，他们对地球人怀有好意。不过，目击者说不清自己是怎样产生这种感觉的。不一会儿，他们十分敏捷地靠两只手飞入了飞行器中。球体上的门是滑动的，开在侧面，能自动地由下而上关闭。飞行器顶部有一个圆盖，看上去十分透明。进入座舱后，两位飞碟乘员面朝 M 先生。飞碟发出了一阵低沉的声音，响了两三秒钟就停止了。飞行器浮起 1 米，一根垂直的中心轴慢慢地从土壤中拔出。这是一根固定在飞碟底部的外表像金属的支柱，当飞碟着陆时，它插入土中。飞碟缓慢起飞了，六根侧面的撑脚也离开了地面，开始环绕中心轴按顺时针方向旋转。这时，既没有烟，也没有扬飞的尘土。飞行物骤然加快速度，沿斜线腾空远去。它的方向是西南，即朝目击者的右侧离去。此时，目击者背朝北面朝南目送那两个怪人后退而去。飞碟的速度达到了惊人的程度，比喷气式飞机要快不知多少倍。M 呆立着观察飞行物飞了 30 米，然后它好像转瞬消失似地突然不知去向。目击者不理解那东西为什么不是慢慢消失，而是像屏幕上的图像一样突然隐没的。这时，空中什么也没有了，甚至在天边也没有飞行器的影踪。

在“瘫痪”状态下失去了任何恐惧心理的 M 先生意识到，“他们”已经远去，这时他顿时产生了一种有生以来最强烈的不安情绪。他仍然被定身法固定在原地，欲动不得，欲呼无力。他害怕自己会就这样死在地里。据 M 先生讲，大约 15 分钟后（有几次他又说是 20 分钟或半小时以后），他渐渐开始可以活动其两只手了，接着四肢和躯体也能动了。于是，顿时感到万分轻松的 M 先生走过去察看了地上的痕迹，然后回到乱石堆附近的拖拉机旁。

大家可以看到，全部经过可分三个阶段：①向飞碟靠拢，一切官能正常，同时在陌生物体前理所当然地产生了畏惧心理；②飞碟乘员使目击者“瘫痪”，同时使他失去任何不安心理；③飞碟乘员“远走高飞”后，目击者突然产生恐惧心理，但他的四肢没有当即恢复活动能力。

第三节　重要的细节调查

对飞行器的描绘

那是一个橄榄球形状的椭圆物体，2.5 米高，3～4 米长，蓝灰色，无光泽。球体上方有一个透明的圆盖，圆盖上有一扇长方形侧门。飞行器底部有六个撑脚，向四面斜伸，呈放射形，它们中间有一根中心轴，有着金属外表。飞行器由这些构件支撑，高于地面约 50 厘米。整个飞行物的样子像一只大腹便便的巨大蜘蛛。

对飞碟乘员的描绘

他们的躯体形态像地球人，但他们的身高和胖瘦像 8 岁左右的孩子（8 岁的孩子一般身高 1.20 米，而 M 先生多次说，他们只有 1 米，最多不超过 1.10 米）。头上无帽盔，手上无手套，因此目击者看到了他们的皮肤是光滑的，呈白色。他们没有毛发。

他们头上一根头发也没有，同躯体相比，脑袋显得十分庞大，"大小像笋瓜一样"，比成年人脑袋大两倍。脸部表情同地球人一样。据目击者 M 说，他从飞碟乘员的脸部看到了善意的表情，但他们的脸又明显地不同于地球人的脸：虽说他们的眼睛和（过大的）耳朵同我们的相似，但他们没有睫毛，嘴巴小得只剩下一个圆孔，下巴则完全萎缩了。这样一张面孔自然是丑陋的——这当然是以我们地球人的审美观点出发所做的判断。他们的肩宽刚巧超过硕大的脑袋，脖子几乎没有，脑袋陷在两肩之间。

他们的服装是上衣连裤服，灰蓝色，显然是由一整块料子做成的。在身子左侧有一个类似盒子一样的东西，右侧还有一只较大的盒子。

对地面痕迹的描绘

根据 M 先生的说法，飞碟着陆的地方在飞碟离去后是湿漉漉的，一片泥泞，中心轴着地的那个点有个洞。第二天，宪兵来到了现场，在着陆地果然发现有个洞，土壤已经变白，且十分坚硬（但没有玻璃化）。而这块地的其他地方，土壤是赭石色的（在旱天或雨天，那里或是一片干土面，或是松软泥泞）。地面上有个直径为 1.20 米的盆状凹面，中心部位有个圆洞，洞壁光滑垂直，四周匀称，像是钻头钻出来的。这个洞的直径为 18 厘米，深约 40 厘米。一位马诺克镇的小学教员说，他是首批来到现场观察的人中间的一个，当时他看到这个圆筒形的洞底还有三个小洞，分别相隔 120°，斜着向三个方向延伸出去。奥利瓦没有向我交代这些细节，可是《空中现象》杂志在 1966 年 3 月号上提到了这位小学教员，并描绘了三个小洞的分布和深度。宪兵们说，他们看到地面上有四道浅沟，都从中间那个小洞向外辐射，形成一个十字形。这几道浅沟宽 8 厘米，长 1 米。必须指出，那个洞的位置应该是一棵熏衣草的位置，但熏衣草已经不见了。

实验室分析

美国空中现象研究会的调查员在飞碟着陆事件后赶到了现场，他们在着陆点以及 20～30 米以外的地区取了样土，在实验室里进行了化学分析。着陆点变白了的土壤其含钙量明显地比其他地方要高（占

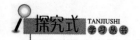

18%)。可惜的是，化验报告没有明确指出，这钙处于什么状态，很可能是已经电离的钙（处于可溶盐状态）。

7 月 1 日以后，地面痕迹被来自四面八方的好奇者们踩得看不清了。土地的主人对人山人海的参观者十分恼火，他干脆用拖拉机将这块地翻耕了一遍。1965 年底，M 先生在着陆点一连种了两次熏衣草，但都未能成功，熏衣草在着陆点不能成活。可是，许多飞碟学者就此又嚷嚷开了，说什么这块地方以前就一连好多年都不长熏衣草。其实，从 1966 年或 1967 年起，这块土壤又渐渐变肥了，草也长了出来。要是种熏衣草，也会成活的。

埃梅·米歇尔是事隔一个月后才到着陆地来的。M 先生当时指给他和宪兵们看，飞碟起飞的航线是斜的，顺着这条航线的地面上，熏衣草虽没被烧枯，但都已被焙烤得发黄（从着陆点向外算，被焙烤发黄的共有 39 行熏衣草，每行间隔 1.30 米）。我个人认为，飞碟就是在这 50 米的距离上顿时隐没的，而 M 则认为它只飞了 30 米就突然不见了。由于当时飞碟的速度已经极大，在它完成 30 米这个飞行航程的一刹那，目击者恐怕是来不及估算距离的。埃梅·米歇尔等飞碟专家认为，飞行器在植物上一定留下了一道肉眼看不见的尾迹。

比埃梅·米歇尔晚到现场的法官肖塔尔说，他所见到的熏衣草已经“返绿”，甚至比周围的熏衣草长得更高更壮实。但是，这些熏衣草上仍留有不少枯萎了的枝叶。

被影响的人生

飞碟飞走后，目击者莫里斯在头三天内，并没有感到任何不适之处。然而，从第四天起，他一直处于沉睡之中。如果他妻子或父亲不叫他起来吃饭的话，他一天24小时都可以熟睡。他的睡意很浓，而且有一种“痛快”的感觉。与此同时，M先生得了轻微的精神运动性紊乱，他的手不自觉地轻轻颤抖着。当埃梅·米歇尔于8月7日来到瓦朗索尔调查的时候，M先生每天仍要睡14～15小时，他的双手仍然有轻微的颤抖现象。除上述异象外，目击者“身体状况良好”。他的嗜睡症状一直延续了好几个月，后来就恢复了正常。

在目击飞碟着陆事件以前，M先生的品行是一直受人夸奖的。瓦朗索尔镇的每一个人都认为他是一个简朴稳重的人，他性格开朗，从不闹事。他在家里和睦生活，在熏衣草香精蒸馏厂也不跟人闹矛盾。他不爱花钱。他从来没犯过神经性抑郁症，也没发生过精神方面的紊乱现象。这些情况，在有2000人的镇子里是尽人皆知、有口皆碑的。1965年10月，埃梅·米歇尔建议M先生请里昂大学神经生理学家儒韦教授检查一次，后者是治疗昏睡症的专家。虽然米歇尔多次催促，但M先生还是拒绝了。他说：“那些耍笔杆子的新闻记者已经把我说成是疯子了。假如他们得知我请这位医生看了病，他们就会抓到口实，更起劲地骂我是疯子。”当M离开瓦朗索尔避到吉昂去时，一些人便散布流言蜚语，说什么M已经住进了迪涅疗养院。这条“新闻”一到某些认为M是精神失常的记者手里，他们就以为证据在握，于是就趁机大发议论，企图否定瓦朗索尔事件的真实性。但是，瓦朗索尔的镇民是了解M的，谁也不怀疑他清醒的头脑。他们说，M离开瓦朗索尔，是躲避那些没完没了问个不停的新闻记者和好奇的人。我在瓦朗索尔所做的一系列调查表明，M先生虽然遇到了这件怪事，却依然如故，是个俭朴温和、不爱闹事的人。凡熟悉他的人都很尊敬他。大家一致认为，“这件事不是他凭空杜撰的，他一定是看到了什么奇异的东西。”当我在 1977 年再次到瓦朗索尔镇时，大家仍然对我这么说。

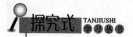

不过，M 同飞碟乘员的接触在心理上对他还是产生了深刻持久的影响。首先，亦如我前面所说的那样，在这次奇遇之前，M 是一个心情开朗的人，他胸怀坦诚，性格爽快。可是，事情发生以后，他变得沉默寡言，性格孤僻起来。他的脾气有了很大的变化。起初，他一想到这样的事情还可能再次发生，心里就十分害怕，但后来也就不那么担心了。可是，应当看到，他开朗的性格远不如原来那样能给人以深刻的印象了。他现在表现得十分文静持重，好像内心有什么东西迫使他不能用原来的眼光看待周围的一切似的。他曾多次无意中谈到了他的一些关于他同飞碟乘员接触的想法。埃梅·米歇尔曾跟我谈过这么一个情况：M 先生在一次谈话中对米歇尔说，“那些人如果对我们怀有恶意的话，他们完全可以用他们的飞行器将瓦朗索尔和更远的地方统统炸毁。”有人还说，M 声称他曾多次得到“通知”（是通过心灵感应吗?），外星人还会访问瓦朗索尔高地。类似这样的行为，在许多“接触过飞碟的人”那里都常常会发生。

第一手材料

一位养蜂者、上普罗旺斯天文台技术员于 1969 年 3 月曾来到 M 家里，在 M 不在场的情况下，技术员从 M 夫人的嘴里获得了许多十分重要的第一手材料。比如，在接触飞碟乘员以后，M 先生对外星人怀有一种“虔诚的感情”，他把薰衣草地里飞碟着陆的那些土壤看做是外星人的财产，他甚至要求他的妻子和孩子在他死后永远不要出卖那块土地。M 夫人还告诉这位技术员，根据她丈夫的看法，那块土地

之所以长不出熏衣草，是因为外星人曾到过那里的缘故，而与我们这个星球上的科学家毫不相干。最近10年来，M先生总在设法迷惑那些前来寻找飞碟着陆点的好奇者们。1969年10月，我又一次到了奥利沃尔，我在地里遇上了M先生的父亲，他当时正在焚烧刚拔下来的熏衣草，准备在那块地里播种麦子。我向他做自我介绍说，我是一位过路的游客，对瓦朗索尔飞碟案不甚了解，请他指点一下飞碟着陆的精确位置。而他指给我看的地方，离实际着陆点至少有50米远。我当即纠正了他的错误，使他甚为尴尬，扭过头就走了。1974年，我又采访了M先生。他说只是到了1974年，“熏衣草隔了10年之后才重又在那个地方长了出来”，这又是一个谎言。他的目的是要迷惑好奇者，把他们引到另一块薰衣草地里去，他不希望别人老到飞碟着陆地里乱走乱踩。

在结束对瓦朗索尔案件的详细分析时，有必要指出：

（1）在这篇文章中，我没有能拿出任何直接的物证来证明1965年7月1日在奥利沃尔薰衣草地上着陆的飞碟是真的。但是，地上的痕迹、M先生长达数月的嗜睡症以及两手发抖的现象，是大多数飞碟学者肯定的。

（2）在飞碟着陆点，熏衣草几次种下都未能成活，这个现象不是很说明问题吗？

（3）如果说M先生是一个爱出风头、故弄玄虚者，那么他为什么要设法躲避新闻记者呢？瓦朗索尔镇2000多居民一致承认，M先生为人质朴诚实，认为他说的有关飞碟和外星人的目击情况是可信的。

（4）当埃梅·米歇尔于当年8月7日在瓦朗索尔镇调查时，他询问了镇上的不少人，其中名叫埃梅·马尼昂和安德烈·纳维埃尔的两个人，都是熏衣草香精提炼厂的工人。这两位工人在车间同事们面前对米歇尔说，7月1日清晨，他俩也正好在瓦朗索尔高地上，离奥利沃尔那块地约数百米远，他们曾听到一阵尖利的哨声，像是一个圆锯发出的，这个声音就是6时以前引起M先生注意的那个声音。但是，马尼昂先生和纳维埃尔先生朝四野察看时，什么东西也没看到。这哨声来之突然，去也突然，估计持续了15~20秒钟（M先生没有明确这一点）。这两位工人十分肯定地说，那声音不是人们熟悉的，绝不是直升机的隆隆声。

这是一个极其重要的旁证，它证明了M先生目击报告的可靠性。

（5）飞碟舱底下的那两个飞碟乘员面部表情十分和蔼，“对地球人不怀恶意”，这是目击者从飞碟乘员脸上的神态和眼神中得出的一个想法，不是调查员们灌输到目击者的脑子里去的“诱发的思想”。

（6）在许多近距离接触事例中，目击者往往会在某个距离内处于暂时瘫痪状态。M 先生看到的那个矮人手中的“管状物”朝他一瞄准，他就动弹不得了。不少飞碟学者认为，外星人能够发射一种镇静波，它可以使人无法行动，但又不会使人失去知觉或产生疼痛麻木之类的感觉。这种“镇静波”究竟是什么，至今仍然是个谜。要是能找到这个谜底，那对我们地球人的科学，特别是医学将会是个重大的突破。

法国人类基因研究基金会的金·塞迪奥克斯博士所率领的研究小组进行了一项调查研究。研究人员认为，修改人类基因的“某种生物”，很可能是一种对人类存有善意的高智慧外星生物。这种外星生物于大约公元 1000 年左右造访地球，在对地球人进行细致考察后，决定采取某种手段推动人类的进化。

“当年外星人造访地球的时候，人类一直没有任何重大发明和技术革新。因此，这些充满善意的外星生物想通过修改人类基因的方式助人类一臂之力。”塞迪奥克斯博士解释说，“无论如何，他们改变的不只是人类的基因，同时也改变了人类文明进程。从印刷术到现代计算机技术，人类所取得的每一个进步都应当归功于这些外星生物当年对人类基因所做的修改。”还有一个有关外星人替身的说法，专家一致认为，他们属于某种同人类相近的生物改造而成，或者属于模拟人体制造的生物机器人或被改造了身体的外星人。他们有超常的能力，更能适应非同寻常的宇宙航行以及各种不同星球的生活环境，他们是受来自外星基地、外星母船或母星本土所遥控的。只因地球人文化落后，尚未达到认识的地步。外星人将地球人的躯体留下，换上外星人的神经、大脑和思维，和地球人生活在一起，但为外星人服务。外星人利用生物遗传工程或人工合成地球人的机体外壳，安装上外星人的大脑、神经、思维，制造一种地球人的躯体、外星人头脑的族类。用思维信息波，担负着外星人特殊的使命。

知识链接一

宇宙母舰

1986年11月17日，日本航空公司的“巨人”货机，在阿拉斯加上空曾与UFO相遇。该机的驾驶员、副驾驶员和机械师都看到了UFO发出的怪光和雷达上的影像，机长寺内谦寿还描绘了该UFO的图形。寺内谦寿说：那天下午阿拉斯加时间5点30分，飞机正以16000米的高度、时速910千米飞行。突然在左前方4～5千米、下方600米并排出现两处像飞机灯那样的光，它们以与飞机相同的速度和方向前进。我受惊地一边做360度旋转，一边下降到1200米以下。但不论我飞到什么地方，它们总与飞机保持相同的相对位置。当飞机在安克雷奇以北270千米与美国联合航空公司的飞机交错而过的瞬间，那个巨大的物体突然消失。问及美国同行，他们说什么也没看到。当时目击时间长达50分钟，他们曾用飞机上的气象雷达进行确认，结果反出在13千米远处有一巨大的绿色物体（通常的金属应为红色图像），那是一个左右镶嵌灯光的巨大的“宇宙母舰”，其直径是“巨人”货机的几十倍。这个UFO曾飞行到飞机正前方稍上150～300米处，光亮猛烈地增强，座舱被照得像白昼，飞行员感到脸被烤得有些灼热。

知识链接二

窥探华盛顿

1952年7月19日，美国华盛顿国家机场和安德鲁空军基地，两处的雷达荧光屏上同时发现了不明飞行物，后来竟增加到27个。它们有时速度为零，有时却达每小时3700千米！与此同时，当地上空的飞机乘员也发现了数个这种难以琢磨的飞行物，它们带着亮光水平飞行，速度很快，其中一个飞行物曾尾随飞机，一直飞行了6000米。

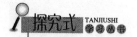

第三章 瑞德尔：隐藏在时光和档案中

第一节 回顾瑞德尔事件

1980 年 12 月发生在英国东部沿海地带的一片树林中的瑞德尔杉木林事件，是英国 UFO 史上最神秘的 UFO 事件。最近几年，随着英国 UFO 档案的几度解密，人们非常希望能够在这些档案中找到此事的蛛丝马迹。

在英国国防部供职 20 年的首席飞碟专家尼克·珀普在一次接受媒体专访时称，瑞德尔杉木林事件是他碰到的最有趣的 UFO 案例。据他的研究，他是这样描述这件事情的。在 1980 年 12 月，一个飞碟降落在森林里，目击者是两个军事基地的美国空军部队成员。其中一些人走近这个东西并用手去触摸，根据他们的描述，这个不明飞行物的侧面画着奇特的符号，有点像埃及的象形文字。他们后来使用了盖革计数器去测量飞碟降落过的地方。根据英国情报部门的评估，飞碟降落地点的辐射值明显高于周围的其他地方。

人们对此事的关注，也使得媒体对这一事件进行了重新报道：

瑞德尔杉木林谜团：杀回马枪的飞行器

在历年解密的众多UFO材料中，最引人瞩目的便是1980年在英国东部的伦德沙姆森林发生的目击外星人的事件，其证词之详尽之生动，让人简直感觉外星人就在身边。

位于英国萨福克郡伦德沙姆森林附近的本特沃特斯基地原本是一个空军基地，按照北约的协议，有不少美国军队驻扎在那里。

1980年12月27日凌晨，在空军基地巡查的查尔斯·哈特中校看到在基地后门有异常的灯光出现，有一个神秘的物体在基地周围的树丛间移动。考虑到有飞机坠毁或迫降的可能，他派遣三名巡逻兵步行前去仔细观察。他们回来报告说，在伦德沙姆森林中并没有看到飞机残骸，而是看到了一个发出像太阳光一样的刺眼光亮的三角物体。

当时，三名巡逻士兵对眼前所见十分震惊：一个小的金属飞行物正穿行在森林上空，最后它停靠在一块空旷地上。三人偷偷靠近后，看到飞行器的侧面印有奇怪的标志，他们迅速掏出笔记本将图形描绘了下来。

“该物体为金属质地，三角形，宽达2~3米，高近2米，发出的白光几乎照亮了整个森林。这个物体顶部还发着红光，底部是蓝光。这一物体可能处于悬浮状态，也可能有支架。当派去的巡逻兵走近该物体时，它在树丛中来回移动，不久便消失了。与此同时，附近农场里的牲畜陷入一片慌乱。”哈特中校在报告中称。

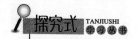

天亮后，哈特中校和他的手下在飞行器曾经盘旋过的地面上发现三个凹陷的痕迹，呈等边三角形分布，像是飞行物着陆时留下的。而且后来经检测显示，该地点曾遭受过比正常水平高7倍的辐射，而且在着陆点的中心位置检测到的辐射量要高于3处压痕。

正当哈特中校对造成这种奇怪现象的“元凶”疑惑不解时，没想到消失的飞行器又杀了一个回马枪。哈特得知后，立即带领一小组士兵冲进森林展开调查，据他称，当他们追踪那架UFO时，他们的无线通讯系统突然失灵，而用来照亮森林的灯也突然熄灭。

好在哈特随身携带的一个录音机仍然能继续工作，录音带录下了哈特等人当时的惊讶和紧张情绪：“我看到它了 ⋯⋯它又返回了 ⋯⋯这真太奇怪了 ⋯⋯它看起来就像一只朝你眨眼的眼睛 ⋯⋯它正朝我们飞来！现在我们看到一束光照向地面 ⋯⋯一个不明飞行物仍然盘旋在基地上空！”

哈特于1990年退役后，对那次UFO事件一直守口如瓶。

UFO研究者相信，光临英国伦德沙姆森林上空的UFO一定是外星人的飞行器，但针对英国境内发生的UFO目击报告，英国国防部却对此矢口否认，宣称没有任何证据显示该事件和外星人的飞行器有任何联系。

英国国防部发言人称，“没有一次案例能够让英国确认我们国家曾有外星人入侵。天空中的奇异现象很多，我们也接到不少民众合情合理的报告，但是这些现象其实都可以用自然科学来解释。”

丘吉尔：对 UFO 的疏与堵

从此次解密的档案来看，英国政府其实对 UFO 早有关注，并对其进行了详尽的记录。比如在公布的关于 UFO 的文件中，包括一份二战时期英国首相丘吉尔出席会议的报告书。当时，丘吉尔对英军战斗机与一个不明飞行物相遇的报告极其关注，并下令将此事保密 50 年。

二战期间，一架英国皇家空军的侦察机和机组人员是从欧洲大陆返航时遭遇 UFO 的，他们在飞近英格兰海岸时发现一艘金属构造的 UFO 正尾随着他们。机组人员称 UFO 在飞机附近盘旋，发出很大的噪声，机组人员拍下了 UFO 的照片。

丘吉尔对此无法解释的事件非常忧心，他在跟当时任盟军最高统帅的艾森豪威尔将军举行秘密战争会议时下达命令，禁止报道这一起发生在英国东海岸空域的离奇事件，因为他担心这会在大众中引发大规模恐慌，禁令时间长达 50 年。

之后在 1950 年代，英国政府一直把不明飞行物 UFO 的威胁看得非常严重，以致举行高级情报专家会议，专门讨论这一问题。英国国防部也在那时专门成立了 UFO 项目，对天外来客的飞行器进行专题研究。

英国国防部一个代号为 DI55 的秘密单位就专门从事不明飞行物体的调查工作，自从成立以来，这一项目到目前收到上万份关于 UFO 事件的报告。对每一件有关目击 UFO 的报告，都由情报人员进行详细的调查、询问目击者、搜集证词、记录过程。

1978 年 4 月 16 日凌晨，英国国防部的相关人员对此前出现的 17

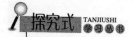

起雪茄形的UFO目击事件展开调查，这些形状怪异的飞行器主要在英国南部地区出现。根据目击人员的描述，神秘光线笼罩他们的基地，UFO向外排气，驾驶舱呈白色。一些人还声称看到火焰或者火球。

具有讽刺意味的是，当年丘吉尔重视的UFO项目，却在50年后由于缺乏经费而被迫关门。2009年受到经济危机影响，英国政府被批收缩财政支出，国防经费被裁减，而隶属于国防部旗下的UFO项目惨遭裁撤。

英国国防部决定，因没有对国防产生价值，未来该部收到的所有公众关于UFO的报告将不存档而被销毁。国防部的UFO调查项目和举报热线已经于2009年12月停止服务。而从UFO项目公布的调查结果看，它被裁撤似乎也理由充分，因为它从未发现任何可以证明外星人进入英国领空的证据，也没有发现任何证据表明有关现象对英国构成潜在威胁。

从迄今解密的档案看，绝大多数的UFO“目击”很容易解释原因。飞机、气象气球、卫星、灯光、云层对阳光的折射等等都会造成错觉。

英国国防部的一份备忘录也指出：“专门的UFO热线电话和电子邮件服务并没有发挥防御功能，而数量猛增的报告却占用了国防部里能够在国防建设其他方面发挥更高价值的人力和物力资源。”

1979年1月，英国上院，即贵族院就UFO进行了一次长达3个小时的辩论，这也是英国议会唯一一次就飞碟展开讨论。国防部在为辩论准备的备忘录中声明：“女王陛下政府从来没有受到过来自外星的人的造访。”

但为什么这些部门早在20多年前就否认了UFO的存在，却又调查了这么多年呢？在UFO背后依旧疑云重重。

第二节　没有淡忘的记忆

我们把时间转回到1980年，可以说在当时发生了瑞德尔杉木林事件之后，可以说很长时间内无论是当地人、目击者，还是普通民众并没有人意识在他们的身边发生了什么事情。但是英国UFO研究协会调查委员会主任杰妮·朗特斯从一些联系人的只言片语中敏锐地感到一定发生了什么。于是，经过她长期不懈的调查，终于发现了其中所隐藏的惊天秘密。1983年2月，她向公众掀起了这件被英国及美国政府隐藏的很深的UFO事件的一角。在这之前，她还曾在一本名为《飞碟回顾》的UFO杂志上发表过两篇文章，而且还为澳比斯公司出版的百科全书系列丛书《无法解释的现象》分册撰写过词条。所有的这些努力，终于让公众及媒体意识到这一事件的意义和价值。

很快，英国著名的科普杂志《OMNI》的编辑打电话给杰妮·朗特斯，说他们正在策划一次关于瑞德尔杉木林事件的专题。据说，这个事件的揭发是因为该杂志的记者艾里克·米谢拉遇到一位美国空军上校，说是要向他讲述有关瑞德尔杉木林事件的全部经过。事件发生时，康瑞德的确是在本特沃特基地供职。米谢拉对朗特斯讲，他们当时与康瑞德的协议是他们对他进行一次录音采访，之后他就不再谈论此事。《OMNI》杂志社这次采访的文章刊登在1983年第二期上。经过这次专题的报道打破了两年多来UFO界死一般的沉寂，重新对英国国防部对此次事件加以否定的态度提出了挑战，也使得巴特勒、斯特雷特和朗特斯陷入了激烈的争论之中。

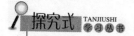

然后借由杰妮的努力，那一事件当天的很多目击者也慢慢浮出水面。

寒夜奇光

乔治·福克斯是英国埃塞克斯郡的一位商人。1980年12月27日凌晨，他独自一人从萨福克郡的巴特里市开车启程返回家中。他记得，当时天气非常寒冷，外面漆黑一片。他独自开着车，沿着瑞德尔杉木林中蜿蜒的B号小路向前驶去。当时路上几乎没有什么车辆，他希望能够尽快赶回家中。忽然，他看到了非常奇怪的现象。

“突然间，我透过树林看到天空中有一大片刺眼的强光，它好像是以很低的高度在横跨天空。我一直盯着它看，心想那恐怕是空军基地的飞机。但是老天爷，它真的和一般的飞机都不一样。那东西整个被光线笼罩着，看起来有点三角形的样子。”

乔治把车停在路边看了一会儿，本想找个证人，分享他目击的疑惑和喜悦，但始终无人经过只好作罢。等到乔治把车开回家后，就急不可耐地对家人讲述了他在路途上目击到的现象。而他的家人就开玩笑说，他一定是错把一架奇怪的军用飞机看成是不明飞行物了。要不，看到这样的空中怪物，他为什么不去当地空军基地报道呢。

圣诞节次日凌晨，在瑞德尔杉木林目击到眩目灯光的证人还有葛瑞·哈里斯。他在伍德布里奇基地旁边经营着一间小小的汽车修理店。他还记得，当时他指着那亮光给他妻子看，可他们并没有注意当时的时间。他的妻子没有太当回事，因为以往他们看到周围两个基地的飞机起落时也都是如此。事情如果到这里就结束，那传奇就不叫传奇了。哈里斯以后会发现，这个故事还远远没有结束。

圣诞光团

当时，英国人葛瑞·哈里斯以及他的妻子在瑞德尔杉木林附近经营着一个小小的汽车修店。葛瑞记得："我和夫人出去喝酒了，那可是圣诞时分哪。后来，我们走在回家的路上，然后就看到了光团。那些光团都是飞机和空军基地出来的。只不过是不太对劲罢了。"

他当时心理直嘀咕，树林里到底发生了什么？因为那些光团并不在跑道上，而是在跑道以东很远的地方，整个就在树林中。照理说，那个时刻就算是有演习，也不应该在杉木林上空，那离基地太近了。

因为事情很奇怪，葛瑞也观察得很细致。他记得看到三个相互分离的光团忽上忽下，在空中划着一个又一个圈。"突然，其中一个掉进了树林的深处。几分钟之后，它又像蝙蝠出洞一样腾空而起，好像是火箭升空一样。之后，其他的光团也像第一个一样，全都飞走了。"

他还记得，那些光团是如何在不到一个小时的时间内一会儿变大，一会儿变小的。并且说那些光团比他见过飞机夜航时发出的光点要大要亮；从运动的方式来看，这些光团也与飞机的不同。他一面比划着光团做出的动作，一面解释说，如果它真是飞机的话，肯定已经撞在树上了。在整个过程中，周围没有任何声响。如果要说那就是两个基地的飞机在空中飞行，那是绝对不可能的。光团消失后，他还听到本特沃特和伍德布里奇基地开始紧急集合。

到12月29日星期一，好几个空军基地的老客户带着他们的车来到葛瑞的修理店。他非常平淡地问他们，周末到底都发生了什么事啊？是出了什么军事事故，或者是在进行操练？可他们看起来很神秘，然后说这个问题，上司“不让说呀”。

葛瑞料定那天基地一定是出了什么事。怀着巨大的好奇心，29日晚，葛瑞跳上自己的车，沿着小路，向森林中开去。车无法前进了，他就徒步向可能出现光团的地方摸索过去。

“那里有许多警察，包括荷枪实弹的武装警察。他们让我走开。我向他们解释说，那是一条大家都可以走的小道，可得到的回答是：‘今天不是了。’”

过了几天，葛瑞注意到，附近树林中一大片树木几乎在一夜之间就不见了。当一位护林人来到他的修理店的时候，他问他为什么会发生这样稀奇的事呢？问他这是不是与前几天看到的UFO有关。

“那些树有辐射啦，必须得砍掉。”护林人那生硬的面孔，显然表明他不想再多说了。

之后，葛瑞花了数周的时间和功夫，想从基地中相关的人那里去打听一些虚实。可是，在紧接着的那一周里，他发现他们中有些人再也没有回来，其中好几位是他多年的客户，在此之前从来也没有听他们说过要换防。

终于，他有了一次机会。他向一位正在巡逻的朋友打听那些士兵的去向，这位朋友小心翼翼地告诉他：“那天晚上看到那个东西的官兵全都被调走了，你再也不会见到他们了。”

雷达现形

莫尔康·斯库拉是那天当值的空中管制员之一，其职责是通过雷达显示屏监视着天空，疏导来往交通。1989 年，在 UFO 研究者的调查下，斯库拉描述了关于此事的“新版本”。他的讲述使瑞德尔事件的调查者对 1980 年冬季那个周末的一系列事件有了新的认识。

他记得在 1980 年 12 月的一个深夜，似乎就在瑞德尔杉木林发生 UFO 事情的几天前。当晚他在诺里奇市旁边的尼迪西德皇家空军基地值班，内容就是不断控制雷达从高到低扫视天空，报告出每架飞机的飞行高度。

那天夜晚，天空中有数架皇家空军部队的幻影式喷气式战斗机从该地区的数个空军基地起飞，投入超过 800 千米/小时速度的演习。但是基地里一名空中管制员在他的雷达显示屏幕上观察到一个本不应该存在的目标亮点。而且这个亮点没有显示出敌友标记 IFF。所谓敌友标记是一个经计算机处理过的电子信号，在雷达屏幕上显示出每架飞机的标记，入侵敌人当然没有这种标记，各种 UFO 同样如此。因此，这个亮点立刻被认定是有问题的。当时它正在刚刚清理干净的空域盘旋，而这里马上就要进行幻影式战斗机的危险演习。斯库拉赶快向上级报告了这种情况。

人们从看上去缓慢移动的亮点猜测，它可能是一架未例行登记的直升机。这种猜测很快就被否定了。当地气象部门报告说，他们没有观测到任何异样。这位空中管制高级官员即刻联系了“东部雷达站”。对方肯定地说，在屏幕上出现亮点盘旋的空域并没有发现

任何目标。

于是，两架战机得到皇家空军指挥部的命令，升空执行阻截任务并搞清楚该进犯者到底为何物。当又一个新的亮点出现在屏幕上的时候，斯库拉以为那可能是两架战机中的一架。不一会儿，当对讲机中呼叫他，要求他提供该机的高度。他具体描述了屏幕上该目标的细节。当时此飞行物正从1500米的高空向上攀升。

斯库拉一报数据便意识到自己搞错了。他发现所监测的那个物体不像是飞机，其爬升速度之快超出人们的想象。一位驾驶幻影式战斗机执行任务的飞行员也报告说看到了目标——一个近在咫尺的耀眼光团。另外一位雷达监测人员补充说，有架战机很快接近了雷达上的亮点，在两者之间的距离还不到1.6千米时，这个闪亮的光点以非同寻常的速度向上窜去，在一眨眼的工夫里从静止状态转换到火箭速度。如果这是一架飞机，仅重力加速度就足以使驾驶舱里的飞行员一命呜呼。

斯库拉应皇家空军飞行员的请求报送着相关的高度和信息代码。可还没等他说出一句完整的话，雷达屏幕上的图像急速转动，标志目标的那个光点再次向更高的高空爬升。随之，他的嘴巴里只能交错报告着表示高度的数字："高度100，高度150，200……"他所报出的数字表明，该光点从9000米的高空迅速向上攀升，并在不到5分钟的时间内就飞到了2.7万米的高空。斯库拉坚信这是史无前例的，大概除了美国空军的间谍侦察飞机"蓝鸟"之外，世界上没有任何飞机可以飞至如此高的高空，更没有什么飞机可以承受如此快的攀升速度。雷达监测室中官兵们口中报送出各点发来的信息都令人瞠目结舌，没有一个人能够说出这究竟是何物。

事发之后，虽然人们对这起事件进行过广泛的讨论，可所有皇家空军人员都知道保密的要求。其实，这已经不是他们第一次追踪到UFO了。斯库拉回忆道，在这起UFO的报告收入基地的文档之前，他们已经收到过那几天有关其他类似事件的报告。可惜当时他没有值班。其中有一份报告很可能就是我们在前一章中提到发生在圣诞夜的"宇宙749"卫星事件。从这份报告看，当时监测到卫星的不仅有希思路雷达系统，军方的雷达也同样在屏幕上观察到。在这起卫星事件之后还有另外一起幻影式战斗机升空拦截的事件。

斯库拉后来听说，基地那段时间好几天的雷达记录和日志被一个研究机构拿去进行分析研究了，因为，当时似乎有一周的时间英格兰东部上空经常有 UFO 出现，有人想竭尽全力搞清事情的真相。

第三节　英国：调查者揭秘

在英国伦敦南部的科友区，有一栋现代化的大楼，这就是人们熟知的公众档案馆。在这里，人们可以查阅档案，从政府以往的文件中获取有关事件的资料，也包括有关 UFO 的资料。当然你得知道在什么地方查。然而，不幸的是，由于“30 年期限的规定”，这里只能查阅到 30 年以前的资料。每年元月，档案馆会将刚满年限的资料打开进行严格的审查。20 世纪 90 年代的人进入这个档案馆就好像是回到了 20 世纪 60 年代一般。即便如此，要想查阅到你所想要的资料也不是一件容易的事，因为有些资料经常在挪动地方，或者是在你查找的时候不见了。

英国 UFO 研究协会调查委员会主任杰妮・朗特斯曾在科友小住过几日，去公共档案馆搜寻资料。她还有幸受到英国政治人物的邀请，前往英国议会为他们简单介绍这方面的信息。在这次讲演中，她有机会见到了几位声名显赫的人物，比如西尔・诺顿爵士，他在英国海军中德高望重，曾在英国国防部负责人事管理工作，现在是参议院议员；另外一位是派特里克・沃尔男爵，他也是一位议员，他在过去的 40 年中不断地提出有关 UFO 的问题，他还是北大西洋公约组织防御委员会的委员之一。他们给她提供了许多重要的信息，使我对当时的形势有了一个比较全面的认识。

不能忽视的UFO

在英国，最早的真实而神奇的UFO景象可以追溯到1952年7月。当时温斯顿·丘吉尔首相曾写信给他的空防部部长，要求他对“那个飞碟”是来干什么的做出解释。他说的“那个飞碟”是指那个月出现在美国华盛顿特区夜空中的一系列解释不清的景象，当时先是雷达追踪到了这些物体，民航和军用飞机也都看到它们冲进了白宫和五角大楼上方的防卫区域。此事在美国各界引起巨大反响，成了当时美国中央情报局成立罗伯逊项目小组的成因之一。

就在人们开始新一轮广泛讨论这类问题的日子里，UFO于1952年9月一连四天与北大西洋公约组织在英国上空进行的代号为“主要支柱在行动”的军事演习搅在了一起。皇家空军的战机在约克夏的上空追逐过它。当时全球唯一承载配备核武器战斗机的航空母舰正停靠在英国东部沿海地区，UFO曾从其上空掠过；人们也曾在白天使用照相机将它的身影拍摄了下来。很明显，当时美国佬也没有准确地判断出它究竟是什么。

接着1953年，英国政府相关部门给皇家空军所有官兵下了一道命令：任何人见到UFO的踪影必须正式地报告，并不得在公开场合随意谈论。这道命令似乎是从美国中央情报局那里学来的，即公众比较相信飞行员的描述，所以，应该对他们的言词加以严格控制，以防外泄。我们在公众档案馆查到了这份备忘录的编号，但备忘录本身已经没有了踪影。

索伦特海峡事件

这种状况一直持续到1956年8月莱肯西斯和本特沃特事件出现。根据诺伊斯的说法，这两次事件的确震撼了英国国防部，因为事件本身非常清晰地表明这起事件是无法说得明白的，而且对英国本土的防御系统敲了个警钟。尽管如此，整个事件依然平平淡淡。之后，又发生了数起雷达探测到物体的事件。其中一次发生在数周后，地点是索伦特海峡。当时三架皇家空军战机正在进行一项战斗演练，在无线电波的引导下，他们飞向了由雷达在伯恩茅斯上空发现的神秘物体，并在那里被一个银色椭圆状的东西围困；一会儿，那个物体快速抖动着外沿，突然向天际射去，把三架战机像玩具飞机一样抛在身后。

在公众档案馆里，人们找不到任何关于上述两起事件的资料，而这些事件又是实实在在的。其实，美国科学家康顿于J967年组建的研究小组所拥有的资料绝对不仅仅涉及莱肯西斯和本特沃特两次事件。1996年，在英国广播公司的帮助下，我设法找到了当时驾驶两架毒剑式皇家战机的四位飞行员中的三位，并与他们谈了话。自从他们事发后向上级报告过事情的经过，虽然40年过去了，但他们从来也没有在任何公开场合提起过这事。我在莱肯西斯那个地方给他们中的两位照了相，并向他们解释了我的意图。令我惊喜不已的是他们中有人依然保留着他们当时飞行日志中的那段记录。

威尔伯特·赖特就是索伦特海峡飞行事件中驾驶战斗机的飞行员之一，他向人们展示了他保留着的飞行日志。他还告诉珊妮，在那次空中的惊险遭遇中，他发现那个奇特的东西无法用词语解释清楚，在它的跟前，他还发现自己的标枪式导弹无法施展本领，他感到不寒而栗。如果人们在公众档案馆找不到上述两起事件的有关资料，那么我们不禁要问，诸如此类的事件又有多少不是如此的呢？即便是在美国那样的环境下，是否还有其他什么地方接纳、保存着这些资料而又无需向公众公布呢？

不新鲜的档案

1957 年还有一次戏剧性的事件发生在苏格兰盖勒威半岛上的西福洛皇家空军基地上空。当时有数台雷达追踪到一个目标。诺伊斯对珊妮说，这次事件使得英国国防部开始把 UFO 真正当回事看待了，而且不敢再忽视。我们有一次在公共档案馆也查阅到一些有关这次事件的文件。这可能是他们的一点工作失误，他们没有及时把封面上的内容掩盖起来。媒体曾经就这份文件编写过一些报道，因此对我们也没有什么新鲜劲可言。可有意思的是，在 1957 年有人对媒体说那个物体有可能是气球。公共档案馆的资料则说明事情绝非如此；皇家空军也很快排除了这种可能性。换句话说，那些人是在向公众撒谎，使人们不能正确对待这件事。

在 20 世纪 60 年代初、中期，正是我们研究公共档案馆中一些文献资料的时候，英国国防部专门成立了一个部门，负责收集民间在这方面的报告。这个部门的作用与蓝皮书计划组的非常相似，即从公众那里收集各种报告及资料，并将有关机场、海岸警卫队以及气象中心都联系起来，要求他们也将收集到的各种报告汇总上来。他们还专门设计了报告的样式模本，但这样的表格从来也没有与目击证人见过面。在工作中，这个部门的人员从来也没有与那些证人有过直接接触，这一点与美国的蓝皮书计划不同。报告的样式模本总是放在接报点，比如飞机场。他们往往通过电话向目击证人询问一些问题，将有关的信息填写在表格中，整理后呈送白厅。通常，那些报告人自己都不知道自己已经被写入国防部的“档案”之中。这个部门曾经更改过几次名字，人们只知道它最后是称作国防秘书八处。这个机构到20世纪80年代后期，并入与其同级别的空勤2（A）处。

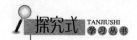

空勤2（A）处的职员其实对UFO没有什么兴趣。这些人每天大概只用2%～5%的精力去处理UFO的报告，其中包括人们目击到不明现象的报告（每年大约有200～300次）以及UFO研究专家的信函。他们往往就事论事，应付应付，从来也没想多收集一些信息，建立一个较为完整的数据库，对UFO的事情一般都不多过问。20世纪60年代之后，他们还负责对公共的资料信件做出答复，向来信人传递一条信息：国防部也在调查那个UFO，确定对国家防御的重要意义。可实际是他们从来也不把UFO当回事。正像是有人说过的那样，“我们是国防部的，我们的工作不是调查UFO，只要那种东西不构成威胁我们就满意了。可是这些家伙没有一次让我们如愿。为此，我们也就丢了工作”。

当然珊妮就此提出过一个显而易见的问题：“如果过去40多年的调查以及成千上万的报告对国家防御一直都没有益处的话，那么你们为什么还要保留这个部门，让它不断从事调研工作呢？”

她得到的回答是：“我们从来也没有说这对国防没有什么意义。”我们不禁又要问，为什么一直没有一个专门收集尼斯湖怪兽报告的部门呢？如果按国防部做出继续资助空勤2（A）处决定的思维逻辑，那么自然也应该设立这么一个机构。既然那些人40多年来一直从事UFO信息收集工作而又没有做出什么成绩，那么设立这个机构所提供的资料信息也会像空勤2（A）处提供的信息资料一样对国家防御有一定的价值，比如说可用于保护核潜艇的安全。显然，空勤2（A）处绝不是仅仅因为白厅的这种理由而存在。珊妮估计，这个空勤2（A）处只是一个挡箭牌。他们想利用这个挡箭牌把人们的注意力从他们实际开展的实质性工作上引到其他不重要的地方去。

档案究竟在哪里

在公共档案馆里，人们能够看到空勤2（A）处就数百起事件编写的文件，其中大部分都是没有价值的，但毋庸置疑他们为此一定做了大量的调查研究工作。因此，我们想通过这些文件查找一些简单的数据，比如日期、时间、大小、形状等等。可是当我们找到了那些应该包含这些信息资料的档案后，我们发现里面没有任何有价值的资料。他们的理由简单而牛头不对马嘴：从来都没有人说要查看这些东西。

瑞德尔杉木林事件也说明如此。珊妮曾要求查阅当时的各种在档的文件，但惊奇地发现里面几乎没有什么资料。他原认为里面至少应该有霍尔特的报告、英国国防部官员莫兰德的批示，理由是当时国防部没有人知道应该如何处理这种事情。

为了瑞德尔杉木林事件，她还曾不断向英国国防部写过许多信，寻求他们的支持和帮助。令人吃惊的是，国防部有人来信说那些信件都“不见了”。

同样，我们从一些资料中也发现，英国在瑞德尔杉木林事件发生后也曾秘密地进行过一些专项核对工作，比如检查沃顿基地及其他雷达基地是否监测到了那个物体。虽说他们核对的结果是否定的，可他们一而再再而三的询问还是把这事从无说到有了。除此之外，“国防部还专门选派了两人，专程到当地的农场主及伐木工那里了解情况”。这事发生在霍尔特备忘录送抵空勤2（A）处的12天之前。我们怎么都无法相信，面对如此重大的事件，英国国防部和美国空军之间居然没有什么沟通，也没有人过问为什么那么多的人涌人了森林，踩坏了农场主的栅栏。

事情绝非如此简单，这是显而易见的。可以肯定地说不知在什么地方一定还有那么一批文件，但这些文件显然不在空勤2（A）处。那里的文件只不过是一些广为人知的事件的公事记录而已。就是这些东西2（A）处把它还当做是一定的时候可以拿得出手的呢，而且会是30年后，大概到2011年前后才能公开的。

1997年在珊妮向公共档案馆提供资料的时候，他们第一次承认，说英国国防部的那个机构过去一致采取压制的方式阻止许多信息的扩散。那时，经常有市民声称发现了什么，而英国政府则往往立即予以否认。他们的记录表明，有一位警察在1966年近距离遭遇了UFO之后，相关机构专门派人前往柴郡的维尔斯洛拜市，到这位警察的住地拜访过他。他那里的实物证据也被来调查的人带走了，说是要拿到伦敦进行分析。这位警察所见到的一切被掩盖了三个多月，后来还是在这位警察的上司的干预之下，这件事才没有重蹈瑞德尔杉木林事件揭秘的覆辙，被我们发现了真相。即便如此，过了一段时间，内幕还是不求自泄，出现在大众资料中，即国防部在被卷入此事之前从来就没有认真对待过国防研究机构的研究材料，也没有研究过从现场获取的玻璃状的物质。即便如此，他们仍然不让公众查看这些东西。人们不禁要问这是为什么。其实国防部已经没有什么东西好隐瞒的了，他们一再这样坚持下去，还能隐藏些什么东西呢？

不幸啊！依照这样的程序，瑞德尔杉木林事件的真相有可能会永远是个谜。这就像是我们在美国遇到的那样，即便是有《信息自由法》也无济于事。大量的资料仍然作为机密文件被保护起来，理由是他们会对国家的安全构成威胁。

第四节　百密一疏：不能沉默的当事人

就在进退两难之际，杰妮·朗特斯奇迹般地找到了当时事发的那个空军基地的副总指挥，也就是直接接触到瑞德尔杉木林事件的最高级别的军官查里斯·霍尔特。霍尔特曾获得过化学方面的学士学位，而且获得过商务管理方面的硕士学位。他 1964 年加入美国空军，曾在五角大楼负责整个战斗机编队的管理工作。1980 年他安排到本特沃特基地任职。他于 1992 年从美国空军退役。

彻底解决

在瑞德尔杉木林事件之后，霍尔特从不对调查人员谈及此事，这种状况直到 1983 年发生变化。当时一位 UFO 研究专家根据美国《信息自由法》提出了请求，此份文件还真的对外公布了，从而使得霍尔特也被曝光。霍尔特上校随后也非常谨慎地与一些 UFO 研究专家进行过几次谈话，但仍然既不愿意过多谈论他当时的职责，不接受任何采访，也不对媒体发表任何言论。

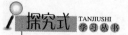

到 1992 年他离开空军以后他才同意把所有的情况讲出来。霍尔特告诉珊妮，他是在 1980 年 12 月 26 日凌晨 5 时 30 分来到办公室接班的，直到那时他才知道夜空中发生了重大事件。在那里，一位办公室军士笑着对他说："你绝对猜不出昨天晚上发生了什么事。"

这位军士向他述说了巴勒斯和佩尼斯顿在 UFO 出现之后深入到森林中追寻踪迹的过程。霍尔特问他为什么在当晚的记事簿上没有记录，那位军士回答说是因为那天晚上值班的飞行中队长建议说此事不宜正式上报。霍尔特考虑，这起事件完全有可能是一起飞机坠毁事件，或者是某种自然现象，或者是其他什么。因此基地有责任在日志中记录适当的细节、发生的准确时间，以便日后需要时有据可查。

事情尽管如此，基地里的一切依然如故，大家根本就没有把 UFO 当做一回事。12 月 27 日夜晚 22 时 30 分，卫戍主任布鲁斯·英格伦把霍尔特叫到一边，说："它又回来了！就是那个 UFO。"

霍尔特下定决心要妥善处理这个事件，并且坚信能够对人们所看到的现象做出合乎逻辑的解释。他在自己的笔记本中是这样写的："到现场去，一次就把它彻底解决了。"

霍尔特计划进行一次彻底的工作，将所有数据记录在案，使他们得出的每项结论都有真凭实据作证。当时外面刮着大风，他估计到现场做笔记可能有较大的困难，所以在路过办公室的时候他停了一下，进去取了一架电池驱动的口授磁带录音机，以备调查使用。

众多 UFO 调研人员在之后的三年半中从各种渠道听说到有这么一盘磁带，并不遗余力地在四处追寻它，直到最后它被列为重要资料受到严密的保护。这件事在某种程度上可以说是 UFO 研究界有史以来最具爆炸性的事件。

辐射测量

当他们来到森林的外围的时候，霍尔特他们看到发现UFO再次回来了的那位巡逻兵周围正围着一群人，他们很快就把UFO又飞回来了的消息传遍了整个基地。霍尔特命令设置警戒线，禁止不关的人进入森林。

当霍尔特带着自己的调查小组进入森林，并架起照度很高的汽灯。霍尔特揿下录音机按键，开始了这次深夜调查UFO事件的日志记录。

“哦，从起点到这里大概有45米多一点。哦，应该说这就是人们‘怀疑的’撞击点。这里有点奇怪，汽灯无法正常工作，好像是什么机械性的故障。我打算把它送回去，再换一个。”

当霍尔特要求部下回去换汽灯的时候，他开始进行了认真地现场勘察，他对着录音机这样说：“我们现在要使用盖氏测量仪测量辐射的数据。哦，还要一面搜寻周围，一面等待另一盏汽灯的到来。”

勘察工作进行了一段时间，霍尔特又对着录音机说：“嗯，我们现在正在向里走，大概走了有7.5～9米。那么我们得到一些什么数据呢？有没有？”

操作盖氏测量仪的士兵回答说：“只有一点点儿。”

随后，霍尔特要求他们径直向着陆地点走，他自己已经看到，仪器上有微小的变化并感到吃惊，“难道就这么一点？”

边上有一个声音解释说：“这里有比较明显的变化。”

盖氏测量仪的操作兵此时运用五分计量挡测到了读数，指针转动了近一半。随着这个过程的继续，他们测量了地表、地下、着陆点以及支撑点。我们从录音带中听不出他们是否测到了超标的读数，也听不出他们有惊慌失措的迹象。

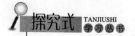

“这里没有。”“这里只有一点点儿。”这些是他们使用频繁的报数用语。即便是再高一些的读数出现，他们当中也没有人过度地惊惶。他们的勘察表明，他们所测得的数据超过了他们预想的基数的好几倍，可是，在录音带上没有听到他们谈论这样的辐射量会不会对健康造成危害。整个勘察就好像是例行公事一样。

此时，使用盖氏测量仪的士兵说话的声音清晰地出现了，他带着他那低沉的南方口音说：“喂，我找到残留物了。”他当时正位于第三个支撑点。

霍尔特也将这一信息记录在录音带上，“好的。咱们到下一个中心点去，去看看那里能够测到什么读数。嗯，有没有读到数据？听不到。英格伦德，那是中心了吗？”

布鲁斯·英格伦德上尉回答了此问题，并确认已经到达中心点，也正是在这里，盖氏测量仪才真正地有所反应。

“这是我看到的最大的读数了！”霍尔特说着，显得有点儿激动，“你给我估计以下，嗯，我们现在是在五度档，我们的读数是……”

勘察踪迹的工作仍在系统地进行着，不久，他们又在“首级凹痕”处测到了读数。此时，一个人用新泽西那种懒洋洋的口吻解释说：“看来这个地方可能有爆炸发生……”他的话语被操作盖氏测量仪的士兵那声惊叫所打断，“你们看，这里又有变化。”

现场痕迹

这句话引起了一阵惊惶，如果此时录音机没有关的话，上面就会是很长时间的空白。随之，整个调查分队将注意力转移到了“爆炸的痕迹”上了，霍尔特打开录音机，继续措词有方地说：“我们找到了一处很小的爆炸痕迹，看上去似乎是发生过爆炸或是新翻过土地。在这里我们测到了能说明问题的数据。”这些读数均取自着陆区内的“死穴”。我们在录音的背景音中都可以听到盖氏测量仪在欢快地跳动着。

这时，霍尔特下了一道命令，大家这才开始感到进入某种戒备状态。“注意，所有人现在都把手套带上。咱们一起来把这 3 米的区域仔细过一遍。计算一下周边有多长。数据准不准可全靠你们了。”

他们一面小心谨慎地围着这些痕迹走着，一面借着时断时续的光照细细地查看着这个区域。在这个过程中，他们发现了周围树上的“擦痕”。霍尔特显然没有为之所动，他说这些痕迹“看上去好像是旧痕”。那些痕迹看上去就好像是伐木工刻画在树干上的，用来标记他们将在新的一年需要砍伐的树木。

那位带着新泽西口音的军人似乎对此十分感兴趣。他不断地扫视着这些树木，并指出每棵树上朝着“我们认为是着陆地点”的这一面都有擦痕。

霍尔特听到这为之一震。“你说得没错。这些擦痕的确是这样。我还没有注意到这些，哦，松树能够这么快地收住伤痕。”接着，这位上校开始与灾难应急官，一位名叫奈维尔斯的军士讨论如何将这块地方圈围并保护起来，以便绘制出这块地方的详细地图，从中提取必要的土壤采样以及其他资料。

霍尔特对着录音机，描述了树干上的晶体状树液是如何从树干上渗出来的。这些树距离事发地点约 1.5 米，渗出树液的地方距离地面大概有 90 厘米。同时，他们并没有被这种迷惑不解而且神秘的现象所吸引，霍尔特依然警告说这种伤害在他看来是旧痕。

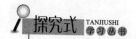

不管怎么说，他仍建议采用新的手段，利用照相机将这些痕迹拍摄下来。

“喂，我们为什么不用照相机呢？奈维尔斯，你可记住这张相片，写个标记……哦，这在录音带中有说明。”

不知过了多久，我们又听到了调查分队在继续研究森林地面损伤状况时对话的录音：“这好像是什么物体着陆后还旋动了一下，也好像是有人手里拿着东西，把它放在地面上，并来回的旋拧了几下，真是很奇怪。”

“很有意思。”霍尔特也这样说。可伐木工人，比如说文斯·瑟克特尔则认为这些痕迹只不过是受惊了的兔子刨出的痕迹。

热　源

调查小组动用了新的手段，即使用了星光仪。他们使用这种红外线设备寻找热源，这在夜晚通过热源来寻找人是极其有效的。当他们把仪器对准那些带有疤痕在树干时，仪器上立刻显示出存在热源的迹象，使得那个地方都“闪耀起来”。

霍尔特在自己亲自操纵过那个仪器之后说：“嘿，可不是吗，树上有个白条。”

操作星光仪的士兵解释说：“这说明那里有热源。”

可是霍尔特还是那么全神贯注地注视着眼前所看到的景象：“嘿，这个太奇怪了，太怪了。”

接着，霍尔特一面看着着陆点的上空，一面对着录音机描述着眼前所看到的景象，“仰起头来向上看，我们可以看到树林上面形成了一个通道，地下还有一些掉下来的新鲜树枝，有些树枝看来好像是从4.5~6米的上方的树干上落下来的。有些小树枝的直径在2.5厘米左右。”

星光仪从树干转向了地上的痕迹，尽管没有前面那样明显，但也还是发现了“残留”的踪迹。在场的所有人都非常机警地使用着使人颇有感受的词语，这也可能是军队的行话吧，比如“汇聚”、“撞击点”、“残留物”等，可是霍尔特很显然对调查所发现的东西感到吃惊，不得不限制自己使用那些有关“辐射”的话语。

“地上也有某种形式的擦痕。在那里，所有的松针都被堆积在一旁，并有很高的辐射，嗯……一个较大的读数……你敢肯定那一定是暗适应所造成的结果吗?”他的这个问题是向着操作星光仪的军人，也就是那个操着浓厚新泽西口音的军人问的。

“是的，的确是暗适应造成的结果。就好像是我们从亮处进到黑暗的地方需要一定的时间来适应环境，之后才能在测量仪器的屏幕上看到热源的图像。”

霍尔特打断他的话问：“是热还是某种能量，到现在很难再是热源了。”

奇怪的光团

就在霍尔特和他的调查组热烈地争论着那种闪耀的能量的本质时，另外一伙军人出现在距离他们几百米以外的地方。突然，UFO 再次出现在他们的眼前，不一会儿它又随着一个奇怪的光团消失在东方。当地的野生动物好像也对此做出反应，慌忙四处逃窜。

他们通过无线报话器与“阿尔法 1”号取得了联系，并由 1 号向霍尔特转达了信息。此事，霍尔特已经将录音机打开，以记录下来事件发生时动物的狂呼乱叫。

“现在是午夜 1 时 48 分。我们听到的是农场主饲养在畜棚场中的

动物所发出的奇怪叫声。它们一个个惊呼大叫，一片嘈杂。”

随即，许多声音开始谈论，似乎是在寻找 UFO，霍尔特则干脆利落地问：“你们看到了光亮，在哪里？慢下来了？在哪里？”

操作星光仪的士兵说：“就在这个位置，这里。沿着树间直直地看过去。又到那里了。就在我的电筒光的前面。就在那里。”

霍尔特率领的小分队中所有的人都跟随着那位新泽西士兵指的方向看着，还是霍尔特最先做出反应。“我也看到了。那是什么呢？”

“不知道。”有个声音这样说。

霍尔特向录音机里讲着自己的看法，操作星光仪的士兵也说着自己的理解：“这是一个奇怪的红色小光团。看上去大概有 400 米，嗯，可能有 800 米那么大，也许还要大一点儿。我要关手电筒了。”

当他们这样观察的时候，地面上的动物也都安静了下来，霍尔特在录音中这样说：“光团仍然在那里，但畜棚里的牲畜都安静了下来。我通过上空的开口以 110 度夹角巡视着天空，由东到南再到东，仍然得到的是 2 与 3 之间的读数。”

紧接着又是一阵争论。有人认为那个闪耀的光团距离地面也就是几米的距离。霍尔特说他认为那个东西“就在地面上，而且是一个很大的东西。”

当他们走过空地，向那个红色的物体走去的时候，霍尔特向他的部下布置了更加具体的工作，开头的话语中隐含着一种对当时那个场合的敬畏的感觉。“我们距离那个地点大约有 150 到 200 米远。现在这里悄无声息，毫无疑问，我们的前面有某种奇特的红色光亮。”

“长官，它成了黄色的了。”一位队员提醒他。

霍尔特表示赞同，说：“我也看到了，里面还有一个淡黄色的点。

真是不可思议!”

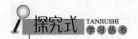

霍尔特在解释那个物体运动轨迹的时候话语开始有点结巴了:“看上去它好像在往我们这面移动……比刚才要更亮一点了,……它正朝着我们这边来了……有些碎片从中间射出……简直太不可思议了!”

接着霍尔特对所发生的一切进行了更为细致地描述。

“好像发生了一次爆炸,声音不大,只是一次光爆,这个东西已经四分五裂,形成三个,不,是五个不同的物体。要跑了,不见了。”

接着,霍尔特眼前出现的一切使他无法运用合乎逻辑的思维方式加以解释。后来他在与我交谈的时候还特别强调地说:“我知道灯塔的位置。眼前的那个东西不是灯塔。我同时也看到了灯塔,但我从来也没有提过此事。为什么要提呢?所有在场的人都知道那是什么。”

杰妮的看法

艰辛的研究已经持续了很多年,杰妮认为,有关瑞德尔杉木林事件还有待完善,因为还不断有重要的证据显露出来。那些照片就要公开了,如果那些军人真的看到了十分壮观的飞行器,而且那些照片只拍到了黑暗的天空,那就佐证了人们所说的这次事件也许是由于某项秘密的电磁试验而诱发人们的幻影的说法。如果照片被一片迷雾所笼罩,也许它是由于辐射曝光而造成的。人们有理由为长久的健康而担忧,作证的事也应适可而止。英国政府也应该深刻检讨自己,向英格兰东部有可能受到伤害的人们做出恰当的解释。

1997 年 7 月，她有机会与一些重要的人物长时间讨论这些证据的问题，在那之后，我相信我可以得出以下重要的结论：那两天晚上出现的现象有可能不太一样。在她看来，12 月 25 日深夜出现在天空上的是一个真正的 UFO，也许是我们的整个维度空间中出现了裂缝所造成的。也许是由于它的出现，美国国家安全局启动了秘密的眼镜蛇迷雾计划，成为了它的副产品。那么第二次现象会不会是美国国家安全局出于迷惑人们对自然现象的认识而“搞出来的”？为此，他们向天空射出激光光束，制造出其他刺激观感的视觉图像。可这又是为什么呢？难道是要一方面掩盖他们在澳福德海角开展的秘密活动，另一方面混淆视听，使人们都不去怀疑真正的 UFO 曾在 48 小时之前侵犯过瑞德尔杉木林，如果真是如此，那么他们真是做到了一箭双雕。

知识链接一

穿着“白色罩袍”的怪人

1964 年，美国报纸上曾报道，4 月 24 日下午 17 点 30 分左右，新墨西哥州苏考罗地方的一位名叫查莫拉隆尼的警官，在追逐一辆超速行驶的汽车时，突然听到附近一个小弹药库所在地发出爆炸声。警官放弃了追逐，赶往出事地点。到了那里，首先映入眼帘的是一辆好像四轮朝天的汽车。当他靠近此物时，大吃一惊，原来这是一个从未见过的光滑的金属蛋形物体。在该物体内，有两个身材矮小、从头到脚穿着“白色罩袍”的怪人。警官向他们走去时，猛然间，那个蛋形物的底部开始隆隆地喷出火焰和烟雾。警官以为它即将爆炸，急忙逃回自己的车后隐蔽起来。随即该物体悄无声息地升起大约3.5米高，然后又继续上升到空中做低空飞行，很快便消失了。

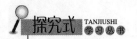

知识链接一

发给外星人的名片

美国1972年3月2日和1973年4月5日发射的“先驱者”10号和11号宇宙飞船，是两艘用原子核能电池作为动力的小飞船。它们是地球人派向银河系的第一批“使者”。它们在完成探测太阳系的木星和土星的任务之后，便向太阳系以外的星际空间飞去。据有关科学家估计，它们于1988年已飞出太阳系，并且一去不复返了。

这两艘飞船各装有一张送给外星人的“名片”，那是一块镀金铝质的标志牌，长13.5厘米，宽7.5厘米，厚1.27毫米。

名片中部靠右画着一对裸体男女，代表生活在地球上的人类，男人举起右手向外星人致意。两个人身后是先驱者号宇宙飞船的外形图。

设计者考虑到，氢是宇宙间最多的元素，它的原子序数为1，在氢原子中只有一个电子绕原子核旋转，名片上方的圆周表示氢原子内电子绕核运行的轨道；圆心和圆周上“1”形状的标记，分别给出电子和核的自旋角动量方向；每个氢分子由两个氢原子构成，因此名片中画出了两个圆周，且圆周之间用一根横线连接。下面的放射图形表示太阳系在银河系中所处的位置，以及连通地球的情形。一条向右延伸的长直线指出了银河系中心的方向；其余的14根线代表14颗脉冲星，从中心沿着直线延伸的每一条线，表示从太阳到各颗脉冲星之间的方向。名片下部左边缘的大圆表示太阳，再往右数第三个小圆表示地球，从这里引出的曲线表示“先驱者”号飞船出发的路线。各小圆按行星距太阳的远近分别表示水星、金星、地球、火星、木星、土星、天王星、海王星和冥王星，并给出各行星到太阳的距离。

第四章　冰岛：外星人的领地

几年来，我一直认为，以美国为首的世界政府不仅与外星族类相互接触，而且与他们签订互惠协议，允许他们出没于地球而不受约束。我收集到的大量证据表明在北大西洋海底有外星人基地，而且受到国际高层阴谋集团的保护。自从我把这些证据公布公布于众后，其他研究者也发现了证据对此进行了证实。如今我认为在陆地和海洋的其他区域的确存在着地下基地，但我坚持认为北大西洋似乎是欧洲水域中最大、最重要的海底基地。也有人报告说在南美水域——波多黎各和巴西——南极洲以及其他深海和未被注意到的海区也有外星人的海底基地。

从外星人的角度来看，其基地位置的选择也符合逻辑。地球上四分之三的面积被水覆盖，假如他们的科技水平远远超过我们，那么他们就能轻易地从水下进入空中。相对来说，人们对大西洋探测较少。对我们来说那是一片危险的、探查难度极大的水域，对他们而言，则是一个良好的藏身之处。

第一节　冰岛疑案

在众多的 UFO 及外星人事件中，冰岛一直是中心所在，但 1992 年冬天发生的一系列事件却让我注意到了北极圈内的 UFO 活动。

冰岛在冷战期间地位显著，其沿岸建有大型的雷达基地，以监测从巴伦支海潜入大西洋活动的苏联舰队。有好几次，战、斗机奉命紧急起飞追逐雷达上出现的信号，而结果却是遭遇 UFO。冰岛的民间故事和传奇极为丰富，有许多奇怪的传说，诸如冰川地带有小生灵出没，当地居民也会在室外留下食物供生活在冰川下的小灰人享用。

1992 年冬，苏格兰北部频繁出现 UFO 现象，成百上千的目击者述说空中的奇形物体和灯光时，引起了媒体的广泛关注。但有一事件报刊却未披露。12 月 20 日，奥克尼群岛附近，一架 UFO 进入了雷达的探测区域，一架战斗机奉命起飞拦截。据可靠的消息，那架飞机和 UFO 都曾出现在雷达屏幕上，同 F94 战斗机的遭遇一样，飞机上的无线电不久就与地面失去了联系。另一架飞机随即起飞进行搜寻、营救。几小时后，终于有了令人难以置信的发现。在奥克尼一个偏僻荒凉的地带发现了那架与地面失去联系的飞机，它仍完好无损，但那儿的地形根本就无法正常着陆，飞行员也失踪了。

我对此事进行过调查，但无法加以证实。然而在进行调查时，我却意外地发现此次调查竟是我一生之中最大的也是最重要的一次：冰岛事件。

报告与追踪

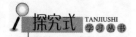

在同一天，也就是12月20日，冰岛海军某雷达站电告说他们跟踪到3架大型的UFO，正进入接近冰岛东海岸的兰格尼斯海域。第二天，一些冰岛渔民报告说他们看见了大型的闪着彩光的水下飞船。那些水下飞船还弄破了他们的拖网。

这些渔夫吃苦耐劳，习惯于把能量保存下来，与北极风浪和严寒抗衡。如今却受到这些奇怪的水下飞船的惊扰。他们知道那些航行速度极快的水下舰船不是潜水艇，他们也从未见过潜水艇还闪着灯光。接到渔民们的报告后，冰岛国家海岸警卫队便派遣巡逻艇在这片海域巡逻。

12月23日，冰岛海军和海岸警卫艇队的两艘炮艇受命前往兰格尼斯海域进行观察。出发前船员们不知道此行的目的，事后有位船员告诉我说，当时甲板上弥漫着一种惊恐不安的情绪。当时正值圣诞节，但在海上进行演习的北约舰队（包括英国舰队）也都加入到他们之中。报纸声称那些水下飞船其实是苏联新研制的一种超级潜水艇。在圣诞前夕，两艘英国猎潜艇上的官兵在休假时突然被召回，受命与北约的搜索舰队会合。若这只是一项演习的话，那么选择的时间就太糟糕了，士气也会大受影响。圣诞之际，官兵们刚刚与家人团圆，突然又接到命令返回部队。他们唯一得到的解释是要执行一项重要任务。

据我获知，北约的舰队又追踪到4架潜人大海中的UFO，形状与前3架一致，他们同时也发现了快速航行的水下飞船。不久有报告说一艘美国军舰失踪，所有的北约军舰都加入到搜寻之中。期间，一艘英国潜水艇莫名其妙地失去了动力，撞上了海床。幸运的是，其动力系统又恢复了正常，继续进行搜寻。

1993 年 1 月 12 日，天气逐渐恶劣，冰岛的一些小型船只不得不驰向兰格尼斯海湾躲避风浪，被迫停留了 3 星期，而后又返回了原处。在此期间，冰岛电台广播说在该国东部的山区发现了大型的 UFO，居住在兰格尼斯海湾一带的居民报告说在周围冰川一带发现有小矮人。

1993 年 2 月 25 日，美国海军纵队所属的 3 艘驱逐舰驶入北极圈，并警告其他外国船只，必须距其 3 海里外，不得靠近。在警戒区外，其他船只的雷达系统显示有 16 架飞行物同美国舰队接触，还能看到琥珀色的灯光从天而降——其距离显示它们比直升机大得多，而恶劣的环境条件表明直升机无法飞行。灯光似乎在美国军舰上空盘旋了一阵，而后以编队形式快速离去。

第二个月，从伦敦飞往雷克雅未克航班上的乘务员和旅客报告说，有两个白色光球尾随着他们，从苏格兰北部一直跟到冰岛上空。然后，到 4 月份，两艘渔船突然失踪，搜索队员报告说在他们的船只上空发现有管状灯光在盘旋。与之同时，船只上的无线电装置也失灵了，而当灯光消失时，一切又恢复了正常。参与搜索的官兵受到警告：不得泄露任何消息。一位美国海军纵队的成员以极为秘密的方式把这些事告诉了我。

4 月 15 日，只有两艘美国驱逐舰仍逗留在那片海域，其他船只又奉命寻找一艘失踪的军舰。

有关那两艘美国驱除舰的情况仍处于封锁之中。所有的民用船只，包括渔船都受到警告：不得靠近，必须停泊在距其 3 海里以外。也许是因为美国政府已经知道其秘密已被泄露，在此期间，我一直在向美方询问事情的经过。

研究者的敏感度

我有位在美国的朋友去了海军情报局，问起发生在冰岛海岸的事，并向那位女情报员简明扼要地说起了水下飞船及失踪的美国军舰。她淡然一笑，全盘否认，说那是谣言，她自己也曾以为真是那样。她承诺打电话进行查证。过一段时间，那位美国朋友接到海军情报局的电话。这次，友好的腔调已不复存在，那位女情报员要求了解信息的来源。其态度蛮横，言语充满了威胁。

这事之后，我同那位海军纵队成员间的接触停止了，当他再次打来电话时他说他已离开军舰，并说有报告声称是参加演习的某位成员泄露了秘密，自那以后，打电话便受到了严格限制。

4 月中旬，俄海军舰队进驻北大西洋，他们似乎正与北约舰队合作，把守着巴伦支海海口，有一次，两艘舰船间发送的一条无线电信息被别国的一艘军舰截获。过后，有人告诉我说，其内容是："我们正在调查那些神秘的水下飞船。"

这片海域的活动异常，也引起了世界其他地方的注意。

4 月 16 日，一份英国报刊登出头条新闻"美俄联合军事演习即将举行。"报道说，这是自第二次世界大战以来美俄军方的首次合作。其演习地点位于西伯利亚，而美国军队正在前往提克西。有趣的是，提克西湾是俄海港中距离海军军事演习最近的一个。

我从美方高级人员处获知，此次，一行任职于美国国防部的"遥感观察者"接到请求，要求帮助寻找失踪的船只。遥感观察就是应用天赋的心灵感应，使思维步人远方，从而描绘所见到的情景。使用心灵感应在美国政府间引起了激烈的争辩，并长期处于保密之中。但众所周知，在海湾战争中曾经使用过这种方法。当问及失踪军舰的下落时，心理感应专家说那艘军舰名叫“海上幻影”，是一种新研制出的“秘密军舰”身后拖有一艘驳船，其中载有先进的监测设备，用来监视外星人的水下探矿过程。他们也解释不清其突然失踪的缘由。外星人可能在这片海域布有水雷，这点似乎说得过去，据知，这片荒凉地带蕴藏着许多具有放射性的矿物。

根据这些情况，我知道，冰岛发生了令人震惊的事，我开始不断地询问，不断地探查信息，编写报道。有位亲密、可靠的朋友，他由于工作关系，在冰岛交际甚广，帮我找到了几位渔民，他们向我讲述了他们所见到的怪事。他们非常熟悉那些黑色三角形物体，它们有足球场那么大，在水下快速穿行，周围闪烁着彩色光。他们认为没有必要再去报道这类事。但他们明白他们见到的东西非常奇怪，这些渔民长期在于这片条件恶劣的水域作业。多年来，他们已对俄国和美国的潜水艇在此海域的巡航习以为常。

向往冰岛

我在冰岛航空公司内部也有一个良好的消息来源，他不断地向我提供空中出现的 UFO 景象。自 1993 年起，就不断有怪异的圆形物体似乎紧贴着飞机飞行，引起了几次惊慌和混乱。有位飞行员在操纵飞机摆脱它们时还差点坠入了大海。

我对冰岛越来越神往。不仅仅是因为我能从该岛获取详细的信息，同时我也感到有股力量把我推向该处。有位朋友也意识到有种本能要前往冰岛这个国度，他曾去过冰岛数次，这儿我不能透露他的身份，因为这将不利于他的工作，同时也不利于和他以后的接触。他不是位 UFO 学家，但在遭遇 UFO 后，他对此兴趣渐浓。他听过我的报告，对我讲过的一切，他也有种直觉。我从此意识到他和我一样，接收到了心灵感应信息。

我们于 1993 年春天飞往雷克雅来克。我们雇了一架轻型飞机，低空飞行，穿越冰川和偏僻地带，希望能感觉到应该前往何方。我们一点也不盲目，只感到冰岛就是目的地，且在斯司库克冰川边缘处有一块特别区域，我们对此地的感觉甚佳。因此我们决定在雷克雅未克安排一次 UFO 会议，并邀请世界各地的 UFO 研究者参加。

我难以描绘我对冰岛的感情。地球上，此地最为圣洁，人口最为稀少，其海水清澈透明，空气宜人，风景别致，只是有点寒冷。我感到我与此地有缘，但却无法解释。多年来，这一直是东方国家和西方国家的缓冲区。当美俄领导人秘密会谈于此时，它是现代历史的见证。然而在此地你好像感觉不到时阿的存在，一些古老的方式方法至今仍在沿用。

会议于 1993 年 11 月举行，不幸的是，由于冰岛没有 UFO 组织，结果只有一小部分人参加。但当地媒体对我们的到来却大加鼓吹。在场的还有美国和法国的摄影师。他们举着照相机追逐着我们直至冰川之上，宛如电影《第三类接触》中的一组镜头。几天后，朋友和我返回英格兰，心中充满了失望之情，但决不绝望。

有趣的是，在我们返回后，有位挪威皇家空军成员向我提供一条信息，他说，12 月 9 日上午 7 时 15 分，挪威北部发生一起奇特的事件。耶天天气晴好，温度是零下 20 摄氏度。突然，在巴多霍斯上空出现一道火光，呈水平形。据知，这并非大气现象，也不是流星活动所致，当时也没有飞机在天空飞行。唯一可能的解释是某类飞行器在寒冷的大气层中飞行时突然加速或减速所致。可却没有听到任何声响。

当晚，当地报纸报道说当地居民发现了一系列 UFO。一位目击者说，那情景像是“10 架直升机”前往巴多霍斯机场，它们悄无声息，但灯光强烈，似乎从中心向外散发、辐射。巴多霍斯周围 70 千米处都传说着这类报道，但雷达屏幕上却没有任何显示，官方也未做出任何解释。

第二节　不安静的大西洋

来自大西洋的事

我不断地接收到信息，述说着发生在北大西洋的事。1996 年至 1997 年间，冰岛的渔民们即使出海也会带上我的电话号码，往往会打来电话述说那神秘的情景，通常是那类大型的黑色三角形物体。这类信息有时一天内有好几个，有时几星期都杳无音信。

1996 年 2 月 12 日，星期一下午 7 时 30 分，位于丹麦海峡，冰岛西海岸的一位渔民打来电话。他说有个大型的三角形飞船在他的渔船上空盘旋。谈话时通讯突然中断。15 分钟后，他又打来电话，说渔船上所有的电子装置突然失灵，他和其他船员看到这个三角形物体从渔船上空离去而后突然潜入海中。在消失的那一瞬间，电力又恢复了。

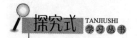

6天后，傍晚9时，又一艘渔船打来电话。他说有3架大型的黑色三角形物体，旁边伴着3个红色光球，突然从海中出现，正静静地在他们渔船附近盘旋。我问雷达屏幕上是否有显示，他说没有，但是全体船员都在甲板上看了那种景象。

他说那些物体距他们很近，正悄无声息地在港口上空盘旋。尽管是黑色的，但散布在其四周的细小亮光却清晰可见。同样，电话突然中断。等他再次打来电话时，说那些物体已在大海中消失。

第二天，又有一位渔民报告说在距其渔船的上空盘旋着一个巨大的球体。它缓缓地离去而后潜入大海之中。1小时后，他又打来电话：

"现在有6架大型的荧光管状的蓝色物体在我们附近的上空盘旋。"

2个月后的一天晚上10时55分，距冰岛海岸西南部320千米处，一艘正在作业的渔船与我取得联系，打电话者说："你可能不会相信我们刚才见到的情景。我们在一队美国军舰附近捕捞，突然一道令人目眩的闪光由天而降，其中一艘军舰就在我们眼前消失了，我知道这听起来有点古怪，但我向你保证，这的确是刚刚发生的事。不久，一艘美国军舰靠近我们，命令我们及其他渔船立即离开。"

"我们的船长巴不得赶紧离开。他告诉我们尽快把船驶离这片海域，返回冰岛。我们此刻正返回冰岛，这件事让我们大家惊恐不安，特别是船长，他此刻正待在船舱里，大口地喝着整瓶威士忌酒。"

正如其他失踪的军舰一样，美国政府对此加以否认。我感到困惑不解，不仅是军舰，还有大量的海军官兵失踪，而整个事件却处于保密之中，假如美国政府不以合适的理由对此加以解释的话，那么那些失踪官兵的家庭肯定不会罢休。我在美国的一些熟人中有些与军方和国防机构有着高层的联系，他们向我保证说这些家庭会保持沉默，不向政府提出任何条件，因为这些家庭知道政府会给予他们大量的金钱

以及其他方面的补偿。我也意识到美国海军可能一直在试验一种高科技伪装设备，以便有效地隐匿军舰，避免被敌军发现。我对这种设备一无所知，但是，在我们这个星球的范围之内，这是我唯一能够提供的解释。

摸不着，看得见

1996年夏天，我不断收到空军地勤人员向我提供的信息：地面控制台附近有奇异的灯光和物体，但雷达却探测不到。一位无线电监测方面的专家监测到一些英国皇家空军的飞机总是在英格兰及苏格兰北部海岸一带活动。这表明那些地方发生了不寻常的事情。

到了秋天，又发生了两宗神秘的事情。第一件是在斯格尼斯东南海上空发现有红绿光在旋转，而后一架大型的UFO掠过东英吉利。当地的警察、船员、飞机乘客、海岸警卫队员及居民都目睹了此景，在英国皇家空军及海岸警卫队的雷达屏幕上也有显示。我从几位可靠的朋友那儿获取了一份录音文本，录制于大雅茅斯海岸警卫队总部，其内容如下：

凌晨3时24分，斯格尼斯警方：从斯格尼斯东南方，我们发现有个奇怪物体带着红绿色的光在空中旋转。它看上去似乎是静止的，周围也没有飞船的声响。

3时26分，金罗斯空军基地（苏格兰）：（英国皇家空军）诺斯伍德雷达站显示，奇怪物体的方位是201度，距离25千米。似乎是静止的，我们没有办法确定其高度，但若从斯格尼斯也能看到，说明它的体积非常大。

3时46分，康诺海岸号油轮：我们发现了那些灯光，它们闪烁着，呈红、绿和白色。我们无法辨认它是不是飞船，它似乎是静止的，约有1.5千米高。

大雅茅斯海岸警卫队：它是从哪个方向出现的，你们看到了吗？

康诺海岸号：没有，它刚出现时就是静止的。

3时53分，英国皇家空军金罗斯空军基地：（英皇家空军）尼狄塞德说可能是天气原因造成的。

大雅茅斯海岸警卫队：我认为不是，我们亲眼目睹了那情景。

英皇家空军金罗斯空军基地：（英皇家空军）尼狄塞德和（英皇家空军）诺思伍德说，该物体没有装备线电通讯设备，因而无法进行询问。显然其目的是不想让人知道它的存在。（英皇家空军）尼狄塞德还说其位置正好在波士顿上空（林肯郡）。

4时零8分，康诺海岸号：它仍静止不动，闪烁着红、蓝、绿和白光。其位置很高，位于北方，却丝毫听不到发动机的声响。

4时17分，大雅茅斯海岸警卫队：斯格尼斯警方，你们能弄到录像带吗？英国皇家空军对此很感兴趣，或许会用得着。

4时27分，英皇家空军金罗斯空军基地：（英皇家空军）尼狄塞德记录了一些从雷达上看似杂七杂八的东西。

4 时 45 分，大雅茅斯海岸警卫队：康诺海岸号，你们能提供些最新消息吗？

康诺海岸号：我们发现有两团光在闪烁，呈绿色和红色。

5 时零 1 分，大雅茅斯海岸警卫：请给我们提供它们的方位。

康诺海岸号：一团光静止不动，呈 45 度，另一团光呈 160 度。这两团光均可用裸眼看见，其特征一致，闪烁着红、蓝、绿和白光。

5 时 17 分，波士顿警方：我们还能看到亮光，其面朝东南方约 40 至 45 度。不过只是一个亮点。

5 时 21 分，英国皇家空军金罗斯空军基地：（英国皇家空军）尼狄塞德在追踪其踪迹，但无法加以解释。若是直升机，那么其燃油很快就会耗尽而无法支撑，可是从第一次报告起，它已在空中停留了两个多小时。

5 时 52 分，康诺海岸号：我们仍能看见灯光，其方位、色彩不变，但似乎越来越高，越来越暗。

7 时零 8 分，空军中尉姆法兰：我们从（英皇家空军）诺思伍德处得到报告，一架民航客机在这片区域发现了怪异的灯光。其情况与地面目睹的一致，色彩多样，灯光闪烁，静立于空中。

7 时 31 分，空军中尉乔治，英皇家空军诺思伍德：我们在雷达屏幕上仍可看见该物体的反射波，我们无法解释这一现象，只能说可能是流星。奇怪的是民航飞机曾报告说那光就像一团火，当时距飞机只有 10 千米。

11 时零 9 分，英皇家空军尼狄塞德：该物体仍静立不动，位于伦敦的雷达及（英皇家空军）瓦丁顿雷达站仍然观察到。

19 时 20 分，英吉利雷达站：该物体已消失，我们认为那是波士顿桩。

没有解释

英皇家空军上尉斯威特曼在当地的报纸上发表评论说："我们无法对此加以解释。种种报道表明此事有值得调查之处。我们会将调查进行到底。

国防部发言人奈杰尔上士说："我们正在试图证实，它们并不威胁我们的安全，也不是要侵犯我们的领空。这种情况经常发生，这只是近来发生的规模较大的一次，因而引起了人们的兴趣。"

斯格尼斯警方证实说他们录制了一盘UFO录像带，录像带的UFO呈红色飞镖形，顶部闪着绿光，他们已将此带交国防部进行分析。

尽管英国皇家空军和国防部对此事件未做任何解释，却不乏存在着其他的说法。英吉利的雷达员认为那是波士顿桩。其实波士顿桩是教堂的尖塔，也是本地的界标，在海上难以看清。要是英国雷达站连教堂尖塔和飞行物也区分不了的话，这不叫人吃惊吗？海岸警卫队把金星作为替罪羊。乔德雷尔·班克证实说日出后是看不见金星的。大雅茅斯气象站认为是海上风暴，因雷电而引起的火光。而所报道的光却是有色彩的，这与闪电不一致，而且，海岸警卫队报告说，当时天空晴朗，能见度达30千米。

研究者们挖掘出来的，最为吸引人的一条证据或许是：最高军事部门曾下达命令，不得派遣飞机拦截UFO。然而官方却声称国防部已证实，UFO对国家安全不会造成任何威胁。要是没有派遣飞机进行拦截的话，他们怎么会知道呢？

第三节　外星族类的邀约

怪异的事仍然在继续发生着，这次是在位于路易斯岛北侧的外赫布里第斯群岛。1996 年 10 月 27 日，有报道说该群岛上空发生了一起爆炸事件，燃烧着的碎片坠入了大海。随后开始的大规模的空中和海上援救行动，其费用估计有 20 万英镑。当地的居民们以为飞机坠毁。但显然援救行动没有取得结果。

10 月 27 日是星期天，下午 5 时，英国皇家空军金罗斯空军基地刚刚接到报告，一位知情者就把其细节告诉了我。英国皇家空军命令驻扎在外赫布里第斯的海岸警卫队及其他军舰处于警戒状态，发现一架体积比直升机大的飞行物坠入大海。他们派出了两艘救生艇，及一架“猎人号”英国皇家空军飞机进行搜索，但由于天气恶劣，能见度低，搜寻任务于午夜时分被迫取消。于第二天上午 7 时恢复。

“猎人号”向英国皇家空军金罗斯空军基地进行了长达半个小时的“军情报告”。上午 8 时，一位研究者截获了“猎人号”发出的一条信息，该信息无法识读，但金罗斯空军基地的回复却清楚明了：“请确证……其长 1.8 米，直径为 1 米。”

当记者向官方询问其调查情况时，他们说没有发现也没有找到任何东西。

一星期后，一支北约海军舰队驶进路易斯北部海域，英国皇家海军发言人说是“日常训练演习”，与该爆炸事件无关。11 月 4 日，报刊《苏格兰人》对此事进行报道。显然该“日常”演习规模极为庞大：有 32 艘水面战舰，7 艘潜水艇，80 架飞机。

沉静了几个月后，1997 年年初，从冰岛传来了大量有关 UFO 的报道。当地的居民，空勤人员、渔民及海军官兵都在述说空中出现过的光点。1 月 20 日，在凯夫拉维克机场降落或起飞的航班被延误，因为在空中发现有 UFO。

聚焦格陵兰

1997 年 12 月，全世界聚焦于格陵兰岛，12 月 9 日凌晨 5 时，一道巨大的亮光点燃了天空。有 3 位渔民述说了此情景。另外，在格陵兰岛西海岸，位于鲁克的一家停车场内的安全摄像设备也拍下了当时的情景。有位渔民名叫贝约恩·艾里克森，是拖网船“女王号”的第一副手，他的描绘如下：

“午夜时分，我从未见过这样强烈的光。其最强烈处就像个燃烧着的圆圈。”

有专家说，这是大陨星造成的。丹麦空军横越广阔寒冷的格陵兰岛进行搜寻，试图寻找陨石撞击地面时留下的痕迹，但没有找到。其解释是在那片遥远的地带，冰凝结得极快，大雪使其痕迹在一夜其间便消失了。也许是陨星在穿越冰层时溶解了冰帽，而新形成的冰和雪可能将陨石坑覆盖了。

然而，有一信息却与众不同，一位外国政客打来电话说那是一架外星人的飞船，美国人正等候着它的到来，其登陆方式也是受控制的。6 天后，在扬马延岛又进行了一次登陆，该岛位于冰岛与格陵兰

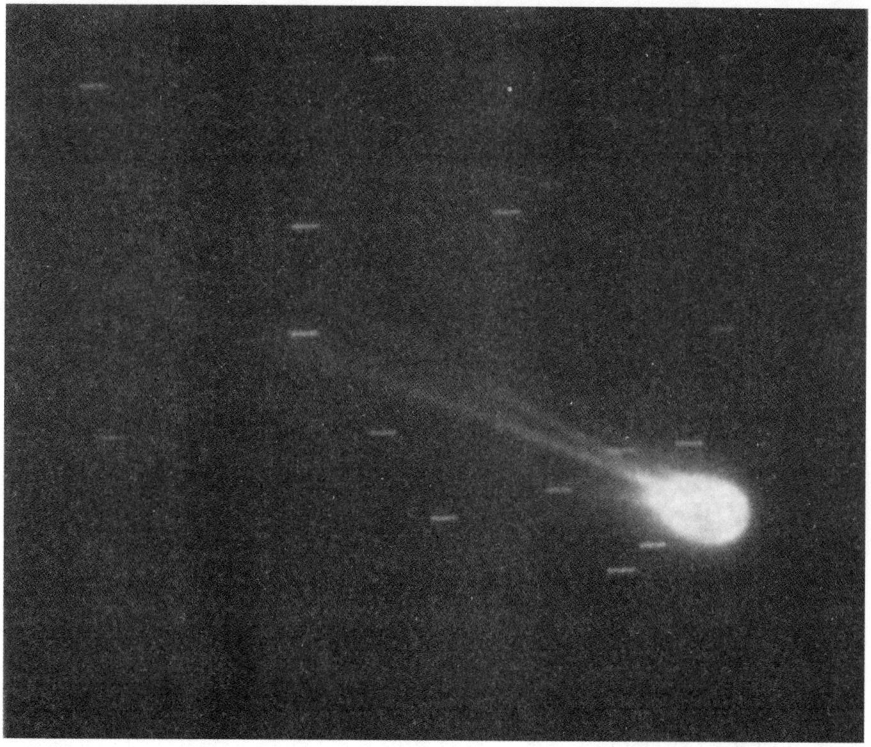

岛之间，荒凉偏僻。第2天，也就是12月17日，另一架UFO降落于加拿大北海岸埃格林顿岛上。两星期以来，美国军队频繁地出现在其凯夫拉维克空军基地。

我于1998年12月获得了更多有关UFO在加拿大上空活动的信息。至此，已发现有300多架飞行物体穿越过其北部地区。加拿大空军证实说他们只发现过一架高度机密、极为先进的美国空军飞机，它竟能逃避雷达的跟踪。

1998年4月，英国报刊，包括《每日电讯报》和《每日邮报》，报道说一架巨型UFO受到英国和荷兰战斗机的追踪而穿越北海。位于菲林代斯的英国皇家空军雷达站报告说该UFO长约100米，大如战列舰。尽管官方没有暴露其日期，但爱尔兰的一位目击者于2月28

日晚发现了一架大型的UFO。荷兰的UFO研究者在调查荷兰空军是否参与，并设法得到官方证实时而碰壁，他们发现，政府对比闭口不言。

尽管我特别关注冰岛和北大西洋一带，UFO的大部分活动集中于此，但同时从其他地方也传来消息说看到有大型的黑色三角形物体出没。西班牙曾经报道过。英国海岸一带也有发现，林肯郡尤为突出。我得出的结论是（只是一种理论）他们在水下任何之处都能隐蔽藏身，但在其基地四周的活动却比较集中，证据最为充分的是，它们最大的基地就位于北大西洋下。他们似乎对我们水的供给很感兴趣，这一点让人担忧。我听说过有三角形物体在水渠和水库上空盘旋。有位男士说看到有个类似管状的物体掉入水中。要是他们心怀恶意的话，那么对我们水的供给进行干预将是攻击全人类的一条有效途径。另一方面，我更相信他们是在监测污染指数，这与他们对人类进行基因监测及混血儿培育计划相一致。有件事我们可以肯定：他们行踪诡秘，来去无踪。我们也许认为是我们人类在观察他们，收集有关他们的资料，然而实际上是他们在观察我们人类。

他们不仅在水边出现。最近有人告诉我，有个巨大的黑色三角形物体在德国的一个军事基地降落。德国士兵向它开火，它以激光型武器进行反击，把公路炸出了一个洞。而飞船似乎故意不直接向士兵射击。

共同的地球

UFO经常出没于军事基地附近，核导弹基地或军事演习场所旁。多年来，人类发现他们常出没于高级军事机构、核电站甚至水下军事设施等上空。他们的技术似乎很先进，能够探查出那些最为敏感的秘密场所。好多目击者说他们的飞行方式像是在给该区域绘制地图。他们能够使我们的电子设备失效，这样的事已发生过好多次。他们可能在估价我们的实力，或故意小试身手向我们——起码是向我们的军事和政府首脑——显示他们的实力强大。但我认为更可能是出于其自身的缘故而在观察那种毁灭其自身的原始文化。我认为我们并未受到控制，他们来这儿的目的是指导我们的行为。

要让我们在心理意识上跃过这一步真的很难，即承认在此星球上我们人类并非是最高等的生命形式，对他们而言，我们或许只是一群栖息于自然界，待于研究的猿猴。

与此同时，我一直在研究 UFO 在北大西洋一带的活动。我越来越坚信这片区域的确是外星人活动的主要场所，我漫长的研究历程也骤然推进。媒体对我的朋友和我的冰川之行大肆渲染，尽管我们对此失望之极，但却强烈地预感到以后会发生更多的事情。

1997 年，有位住在伦敦北部汉普斯特德的朋友收到一封挂号信，要他立即前往某国驻伦敦大使馆会见某位指定的外交官。他打来电话向我征求意见，我建议他去。那位外交官想知道我们推测在北大西洋有外星人活动的原因。我的朋友对此问题及其直率大为吃惊：他感到那个外交官为人直截了当，并不拐弯抹角。他解释说我们已收集到部分证据，但同时对此也有种直觉。此外交官对此似乎深感满意，短暂犹豫后，他证实说我们的直觉没错。他说他亲自参加了与外星人举行的会议，一同还有他们国家的某些政界人士及军事首脑。他还说与会时有几个外星人点名道姓要见我和我的这位同事。他说这就是他与我的朋友交谈的缘由。他还说此会可能会在美国举行，还告诫我们应在通知前 24 小时做好登机准备。

当朋友把此事告诉我时，我觉得荒唐好笑，然而据我所获得的信息推断，我们又没有理由说它不真实。我深信，外星族类与人类之间的接触是有组织性的，因此，当发觉自己可以获得切身体会时，我大吃一惊，这难道不是正常的吗？我对此前景激动不已，但也意识到不应该抱太大的希望。果然，在随后与那位外交官的会谈中，他告诉我的朋友，那些被称为是“大人物”的美国人禁止任何平民百姓参加会议，除非有最高安全委员会的批准。那位外交官认为自己以被美国人出卖而愤怒不已，所以欣然同意与我们合作，给我们提供证据来证明有这类会议。

外星人照片

他告诉我们他这样做是因为外星人表达了他们的愿望，想见一见我们。他住在伦敦，而我却住在伦敦以北500千米处，因而他更容易见到我这位朋友。他带来一大堆照片。有张照片上是位“灰人”，长着扁桃形的眼睛（负责劫持人类），与美方军事官员一同站在停泊在北大西洋的战舰上。然而我的朋友却指出，这些照片中的外星人不是我们在许多照片上看到的那些“经典”外星人的复制品，尽管体形一样，但面部特征却有点不同。另一张照片上的情景是一架UFO停在美国空军基地，旁边停有飞机，还有三四个灰人站在飞船前同美方官员交谈。

然而另一张照片上的外星人长相却不同，头像爬行动物，身体强壮结实，长有两只胳膊两条腿。身高超过2米。那位外交官说此类外星人好斗，智商高但狠毒。我那位朋友描绘它时用的词是“吓人”。我不止一次听说过这类爬行类外星人，那位反应敏捷的士兵也描绘过。据说还有其他种类。一位美国专家声称他在“51 区域”看到过他们，该区域位于内华达，是美国政府的绝密机构。（在以后的交谈中，那位外交官说起了一处位于偏僻沙漠地带的地下基地，那些爬行类外星人就居于此，那也是美国政府监视他们的场所。1998 年春，一组监视队员受到他们的袭击，死伤了 20 名士兵。美方如今只能远距离对其进行监视。）

那位外交官向我的朋友谈起另一类型外星人，他们的皮肤黝黑，貌似东方人。在所有类型的外星人之中，他们最为友善。还说当他们进入房间后，房间里便弥漫着死一般的寂静，有些人竟无法待下去（有趣的是，有受害者向我描绘过这类外星人，还有几个说遇到过这些“东方人”，他们酷似人类）。那些东方类型的外星人告诫人类要警惕那类好斗的，掠杀成性的爬行类外星人。他们说就是这类外星人对动物和人类实施伤残行为。爬行类外星人和灰人一样，也劫持动物

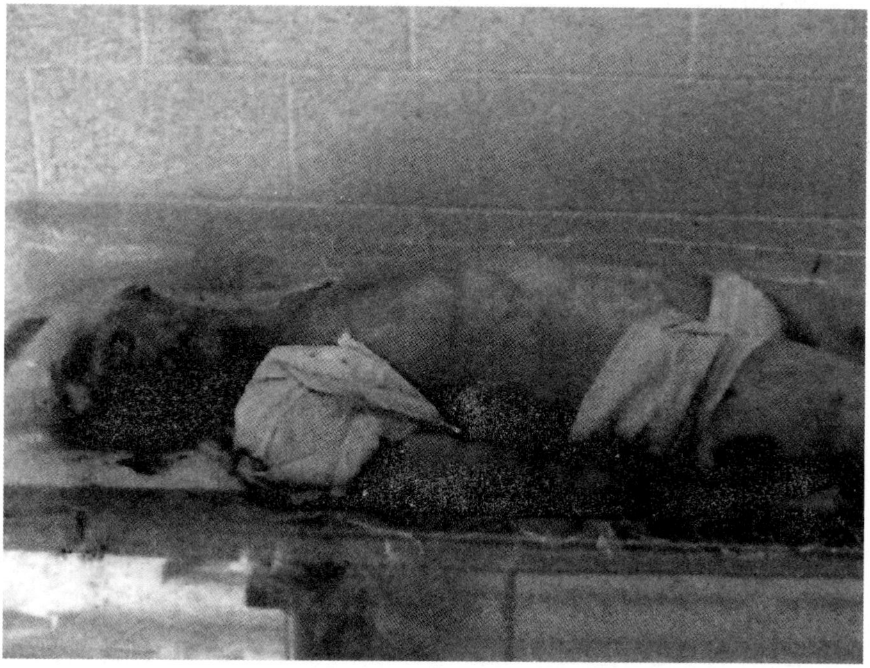

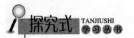

和人类用于医学研究，对动物和人类的身体机能感兴趣，但他们获取信息的方法更为残忍。那位外交官说尽管他看过有关灰人的录像，但实际上从未碰到过。

无法现身的照片

那位外交官承诺说会把这些照片的复制品送给我们。听到照片时，我后悔莫及，要是那一天我在伦敦就好了，那样的话，我就可以花上几卷胶卷，把它们统统拍摄下来，回家后再予以冲洗。这次会面后几天，便有人敲开了我的朋友的家门，一男一女走进去向他询问那位外交官是不是给了他什么东西。朋友说没有，并问道这与他们有什么相干。他们简要地重述了我在美国受到的种种警告，说他正受到监视，应该小心谨慎。

我们担心、焦急，因为我们知道要转交这些照片难度极大。我们只好通过公用电话或借助于其他朋友家的电话来详细磋商。我们明白这位外交官拥有外交豁免权，这些照片保存于他处将安全无损。一旦把它们交出来，那将变得脆弱无比。我想出一个办法，即在递交相片的那天，我和几位可信赖的同事一同待在伦敦。不幸的是，我们的计划完全被推翻：那位外交官突然被召回本国，只允许他短暂逗留，安排归途，他向我朋友打电话说，他将在1997年10月27日向我的朋友递交照片。

他们安排在汉普斯特德一条宁静的小街上见面，我的朋友就住在这个地区，这一带他也非常熟悉。

在递交包裹后，我朋友把此包裹放入信箱，两天后，那位外交官打来电话。当获悉那些复制的相片已丢失时，他身心交瘁。他说包裹中的照片比我的朋友实际看到过的还要多，里面还有一盘有关 UFO 登陆于美国空军基地的录像带。该录像带只此一盘，但要重新获取那些相片的复制品还是有可能的。

我也希望如此。我已明白的确有很多实实在在的证据可表明外星人的存在，我亲眼目睹过他们的飞行器，我希望有一天我能获取某种证据，那时，无人将以言相对。我想几乎就要实现此目标，如今我们又得重新开始。

有个不可避免的问题是：是谁有如此决心来阻止我们获取这种结论性的证据呢？其可能性只能是以美国为首的情报机构。其原因又是为何呢？这更难以回答。或许是出于宗教的缘故吧，因为揭露外星人存在于地球将重写人类的历史，也将推翻人类的宗教信仰。我个人认为世界联合政府——还有许多政府在此掩饰中相互串通——恐怕不会如此慷慨大方而达成一项密不透风的协议来保护宗教吧。

我想，可能是因为害怕把有关外星人的信息公布于众而带来的危害，或突然公布一切会引起大规模的歇斯底里和恐慌。也许是想通过激发人们对此事件的兴趣，这样，当像我这样固执的调查者快查出其真相时，他们才会准备让未来一代接受以下观点：在地球上要么与外星人共存，要么受外星人的统治。

20 多年前，当我首次从事 UFO 研究时，我不知道会走向何方。那时我目标明确：只要有谜团，我就要解决。现在我明白这绝不是件直截了当的事，它非常复杂，非常危险也非常苛刻。目前，我对其真相的了解还很肤浅。要是我把它比喻为拼板玩具的话，那么，目前的拼图还不完整，差距很大，手头上的又未必与其他的相配。最后，随着工作的进展，我将会构筑一幅完整的图画。我仍会像 20 年前那样壮志凌云，继往前进。

知识链接一

外星军团入侵英国

2008 年，英国媒体相继报道“外星军团入侵英国”的消息——英国警方直升机 6 月 7 日在一空军基地遭遇不明飞行物（UFO），机上人员“死里逃生”。但据美国福克斯新闻报道，英国专家称，那些所谓的不明飞行物，实际上是户外活动爱好者夜间放飞的中国灯笼。

据英国《每日邮报》20 日报道，6 月 7 日晚，一家英国警方直升机在执行完任务返回南威尔士加地夫海港外的圣阿萨安英国皇家空军基地时，突然一个奇怪的飞行物体开足马力径直向直升机撞过来。驾驶直升机的警官紧急调转飞机方向，才躲过似乎来意不善的 UFO，避免了机毁人亡的命运。

《每日邮报》在报道中说，直升机上 3 名机组人员称，他们看到的 UFO 像一架圆形的飞碟，周围还闪着光。3 名警察已经将这一事件向上司汇报，目前这一 UFO 袭警报告已经被递交到英国 UFO 调查部门。

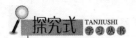

知识链接一

隐形 UFO

据《印度日报》2005 年报道，印度科学家宣称已经发现 UFO（不明飞行物）环绕在地球周围，但却不被人类肉眼和雷达发现的秘密。那是因为UFO可能采用了一种高级隐形技术。印度国防研究和发展机构的工程师们正在对一个神奇设备进行实验，一旦实验成功，该设备就像“天眼”

一般，让UFO无处遁形。

印度科学家宣称，他们发明的一种可以穿透电磁流的设备将会让U郵FO无所遁形。印度科学家称，当一架UFO进入地球大气层时将不得不从超常的宇宙飞行速度转变为超音速或音速左右，以便适应地球电磁场和重力的影响。为了避免电磁冲突，UFO上的人造电磁流将可能短暂地关闭一会。当UFO的速度调整到适应在地球大气层中飞行的时候，人造电磁流将再度启动，使它再次达到隐形的效果。这一现象或许能够解释为何许多国家的空军飞行员驾机追踪UFO时，不明飞行物会突然在眼前消失。

第五章　暗流涌动：谁能给动物肢解一个答案

1967 年 9 月 9 日，科罗拉多州南部的圣路易瓦莱，一匹名叫斯基皮的马无故死亡。关于斯基皮的死因，无论执法机关或兽医的验尸都不能判断，在正式报告中写着“不清楚”，而且嫌疑一栏留着空白。这大概算是家畜肢体残害事件的开始。

从 1967 年起在十几年的时间里，美国不断发生的家畜肢体残害事件，可以说是与外星人或者不明飞行物有关的最古怪的“遭遇”案了。如果不用外星人采样或者做地球物种实验来解释这件事，那么有关这件事情的很多细节就更加扑朔迷离了。这一系列案件，当时震惊全世界，美国政界要人指示警方甚至 FBI 做了一系列的调查、分析、研究，始终没有一个像样的结果。此案广泛出现于美国各州，而且作案手法是据说是人类无法完成的。到 20 世纪 70 年代末，这类事件忽然消失了踪影，最近二三十年似乎再无这方面的报道。

但是事情真得结束了吗？

第一节　不断出现的动物肢解案件

从我们开始调查动物肢解案件以来，尽管地方报纸不像从前那样热情报道，但是事件仍在继续发生。记者们只是在花边新闻栏里简单地报道此类事件，不再用相当的篇幅报道事实。不过，他们的报道同样为民间研究人员提供了难得的信息。一些独立的科学家经过实地调查，得出与官方言论相悖的结论。一些大学毕业的调查人员甚至对采到的样品进行化验分析，所得的结果排除动物病死或食肉动物所为的解释。这是一大进步。

飘在空中的奶牛

1983 年，家住密苏里州司皮林费尔德市的罗恩波拉·瓦特松夫妇看到了一个异乎寻常的东西。开始，夫妇俩的注意力被一个奇怪的光所吸引，说得确切些，那是一个金属物体的强烈反光。他们取出望远镜观察，发现那是一架停落在地面不动的圆锥形绿色飞行物，它具有明显的物质特性。它上面有一个开口，一侧还有一个平台装置。一个长着绿皮肤的生命体，眼睛同鳄鱼眼一个样，站在离飞行物体几米远的地方。它的肤色很可能是衣服的颜色，看上去那衣服像树叶，如同我们的迷彩军服。丈夫罗恩将望远镜递给妻子波拉后，波拉从望远镜里看到那个生命体转过头来看着她。波拉害怕得气都透不过来，甚至感到心快跳出嗓子眼来了，她立即把望远镜还给丈夫。

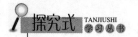

就在这个时候，罗恩看清了一头躺在地上盖着黑色篷布的奶牛，两个身穿银色上衣连裤衫的大头类人生命体在一旁忙碌着，在动物身上比划着。两位目击者明确指出，类人生命体没有戴宇航员那样的头盔，好像呼吸自由，而且看上去在我们的空气里行动自如。

在现场一边有栏杆一样的东西，奶牛被吸到空中，飘在栏杆上方，栏杆的一端一直通到山丘上。过了一会儿，奇景出现了：动物似乎进了山丘，因为它在栏杆末端消失了。

波拉在望远镜里看清了这番情景，她吃惊得发抖。她意识到它们对奶牛的这番动作同样可以用来对付人。于是夫妇俩拔腿就跑，连行李都顾不上带走。他们一口气跑回了自己的农场，把门关得严严实实的，生怕那些类人生命体闯进来劫持他们。

第二天他们发现，那头受害的奶牛是他们牛圈里的，而且那是一头十分珍贵的牛，是前几年出高价从加利福尼亚买来的，已经怀孕4个多月了。波拉整整哭了一个上午，连中午饭也吃不下。

女　神

这个故事同发生在大不列颠岛上的一次事件有许多共同之处，我们不妨说一说那次事件：

英格兰地区一个农民被女神“劫持”了，与此同时，女神们还劫走了一头奶牛。人和动物一起被带进了附近的一个山丘里。在传说中这个山丘是那些神秘莫测的女神们居住的地方。后来，那个农民成功地逃出了山丘，他吃惊地发现他的牲口的尸体被扔在山脚下。他决定将此事告诉周围的人们，要他们不要将尸体拿回去吃，因为它很可能有毒。他怀疑那尸体可能是女神们制造的一种仿制品。

我们还掌握着另一起事件，同样说的是一头牛被女神劫持，然后女神又把尸体扔了回来。那尸体在原地躺了许多日子，谁也不来收拾，连野狗野猫也不来吃它的肉。

现代发生的此类事故同过去的事故有一个大的区别，那就是从前没有看到飞行器劫持人和动物。这就再一次证明 UFO 仅仅是个障眼的东西，是个圈套，在过去没有必要用它来诱惑人。

从民间传说中择取的这些故事，为我们提供了有关女神对农家牲口特别是对奶牛的态度的许多信息。另外，一些民俗学家专门对此做过调查研究，甚至出版了一系列受人欢迎的著作。

民间传说

我们不妨引述德国学者 J. J. 冯・戈雷司的一段描写：

两名火枪手在布满洞穴的山区迷了路。一天，他们遇上一个矮小的生命体，该生命体对他们说：你们到了一个地下民族的地盘上。这个地下民族与居住在地面的人毫无共同之处。我们常到地面活动，但都是在夜间出来。只要地面的人愿意，我们十分乐意为他们提供服务；在相反的情况下，如果我们无法对他们发脾气，那么我们会对他们的牲口下手。另一个令人吃惊的因素是，在英国的一些地区，从前的农民往往埋怨小旋风（blasts），说小旋风是他们丢失牲口的原因。1662 年英国有一起轰动一时的法庭审判，受审的所谓巫师做了这番交代。我们在雷威斯・司潘石的一部著作里看到了这样的陈述。

还有一些著作家指出，从前，英国一些地区的居民认为，女神偷窃他们最好的奶牛，然后用蹩脚的动物来还给人家。作家 W. Y. 艾文一温茨在他的书里也写过女神对农家牲口的兴趣。比如他说，在英格兰某地，如果祭奠女神的活动不及时的话，谁得罪了神灵，谁就在第二天发现自己最好的奶牛死在圈里。这是一种惩罚，也是如同德国学者 J. J. 冯·戈雷司描写的那样一种报复。这样的民间传说在欧洲十分流行，无怪乎许多欧洲国家的农民既尊重女神，又害怕或憎恶女神。

发光体与牛

1992 年 2 月，在俄克拉荷马州的卡洛美附近发生两头奶牛被肢解的怪事。第一起事件是罗贝尔先生及其儿子戴安于 2 月 6 日上午发现的，那是一头公牛，舌头和生殖系统被割，直肠被洗空。地面上一点血迹也没有，也未发现肇事者留下任何痕迹。晚上 20 时 15 分，戴安领着他的女友到现场观看时，天空中出现了一个比星星亮 10 多倍的发光体，该发光体飞近的时候，他们看到它的周边上有许多小的彩色亮点。这些亮点一闪一闪的，有规律地发出极其耀眼的光。当飞行物飞到离他们约 1200 米时，戴安的女友害怕起来，于是他们迅速钻进车里离开了现场。这时候，发光体开始追他们的汽车。当他们快进城的时候，发光体升空消失了。

戴安把女友送回家后便驾车返回自己的农场，到家后他又和父亲一起到了牲口出事地点，发现那个发光体仍然在那里。两位男子驾着他们的小卡车鼓起勇气朝发光体靠拢，但是不速之客迅速远离而去。

1992 年 2 月 10 日，星期一的傍晚，在戴安家农场的草地上又发现一头公牛被肢解，牛的尸体上带有与上述案例中相同的伤痕。所不同的是后者的左耳不翼而飞了。

1992 年 3 月 3 日，午夜刚过，在俄克拉荷马州的奥克马禾周围，一个数年前已经发生过动物肢解案件的地方，三个人目击了一个不明飞行物飞行的全过程，它呈灰暗色，梯形，有舷窗，它停落在地上，几秒钟后又起飞。估计它的大小有 9 米长。

3 月 9 日，仍然在俄克拉荷马州的奥克马禾地区，人们发现一头被肢解了的奶牛的尸体。奶牛的乳头不见影踪，可是牲畜身上一点血迹也没有。另外，它的一侧有个洞，仿佛是子弹留下的洞。据一名农业工人说，如果是子弹的话，另一侧应该还有一个出口的洞。地面上靠近头部的地方有很少一点血迹，这是此类案件里十分罕见的现象。

3 月初，美国阿肯色州收到牧民们的报告，他们抱怨说他们的牲口被无缘无故地肢解。在密苏里州同样也有此类报告，当地的研究人员甚至将被害动物伤口的肌肉组织割下来寄给阿尔茨胡勒教授。这位教授经过认真的化验分析后指出，被割的地方显然留有高温烧伤的迹象，伤口光滑得像包着一层塑料似的，这与激光手术刀留下的痕迹是不同的。再说，激光手术所用的仪器十分笨重，不可能搬运到草地上去，另外还需一台发电机才能使激光手术仪运行起来。

这年 4 月，动物肢解案件转移到了加拿大。在阿尔贝塔省的勒杜克，6 头奶牛惨遭杀害，这些牲畜受害的情况与美国的完全相同。

现场印象

录像片制作人琳达·莫尔东回顾了她亲身经历的一件事：

1980 年 5 月，我正在制作录像带《奇怪的收获》，一位家住科罗拉多州东部的农场主发现他的一头奶牛被肢解致死了。我们得到风声时已经时隔多日，我们的摄影组奔赴现场已是 20 多天以后的事了。

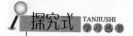

当时天气已经很热，可是尽管如此，动物尸体没有腐烂，也没有生虫子。

一个月后，我们又到了现场，动物尸体上终于出现了蛆。然而，当我们切开一侧的肌肉组织时吃惊地发现肌肉依然鲜红。我问当地的一名兽医，这样的情况是否常见或者说是否正常，他回答说这是极不正常的现象，事隔1个月，肌肉应该已经腐败。

同样在科罗拉多州，农场主约艾·布勒丁要求化验他家一头于1992年2月被肢解的奶牛的尸体。研究人员经过仔细的检查发现，动物全部的血被吸光了，可是地上一点血迹也没有找见。

我们还从美国同行那里得到一系列事件的报告或记录，都详细描述了被肢解动物在很长一段时间里完好不烂的奇怪特点。其中一例发生在华盛顿州的一家小农场里，两头小奶牛被无故肢解后，尸体躺在草场上度过了六七两个月。当调查人员前来查看的时候，尸体竟然完好不烂，一点怪味也没有，实在令研究人员吃惊和不解。有人感叹道：尸体好像被包上了一层防腐香料似的。

一次奇怪的浪潮

1992年底，美国的亚拉巴马州发生了一次动物被肢解的不大不小的浪潮，它一直延续到1993年初，主要受害的是德卡尔郡和马沙勒郡等地。

1992年10月20日，约翰·司塔文先生发现，他的牛群里的一头奶牛死在草地上。奶牛的乳头不知去向，留下了标准的圆形伤口，好像是用刀子切割的。约翰·司塔文先生立即将此事报告郡长，并认为肇事者肯定是某个邪教组织的成员。

后来，附近地区的其他牧场主也向郡长报告了同样的事件。其中有威廉先生，此人原先是联邦警察，曾经在司法部工作过。威廉先生吃惊地发现他的一头小奶牛死在一丛松树里，它的肚皮被剖开，内脏被掏空，舌头和右耳也见了，可是余下的部分完好无损，其肉还可以食用。但食肉动物对这头小奶牛一点也不感兴趣。

1993 年 1 月，玛格莱特·波泊太太损失了一头奶牛，这头牛死得惨不忍睹：上下颌被割除、乳头被割掉、血液被全部抽光。这位太太目睹此般惨状，不禁潸然泪下。

几乎与此同时，警长托米·科勒的一头公牛被切掉了生殖器，割除的手术十分精确。奥本大学化验室对动物尸体做了化验，并没有发现任何异常。但是有人报告，就在公牛被宰割的前一天晚上，当地的人看到一架形状极其古怪的“直升机”在低空飞掠警长家房屋。警长太太目睹了不明飞行物。

德卡尔县的费富警察局采取了行动，进行了一次大规模的调查研究。1993 年 4 月 7 日，警察代德·奥利方先生举行记者招待会，公布

了他的那个小组调查的结果。据他说，他小组里的调查人员共调查了30多起动物肢解案件，都发生在1992年10月到1993年3月之间。被害的牲口都死在牧场内，它们的内脏和外部器官被十分精确地割除，像是高级外科手术师所为。许多案例里可以肯定地看到，割除器械用的是高温。草场上没有找到任何可疑的车轮痕迹，也没有人的足迹。值得一提的是，被肢解的动物没有痛苦状态，因为在周围地面和牲口身上没有任何迹象表明死前有过挣扎。

另一个令人费解的是，地面和动物身上没有血迹。种种迹象表明动物被升入空中，在一个陌生的地方被肢解后送回原地。这种情况在以前也发生过，新墨西哥州的警察调查到一些动物被提升到空中，过后被扔回原地，四肢被摔断。

总而言之，在这一时期，农场主们报告说有人看到奇怪的直升机低空飞掠农场。在此之前或稍后，他们便发现自己的牲畜被杀害。

1993年1月31日，道松地区的一位农民丢了一头黑奶牛。后来发现了它的尸体，它的阴道和直肠被完整地切除，舌头不知下落，上颌被割除。像这类案例一样，人们在地面和牲畜身上没有找到任何血迹。经过化验分析，科研人员发现尸体的伤口有陌生的白色絮片状物质。科研人员采取了此物的样品。在化验过程中，不小心将怪物滴落在塑料原珠笔杆上，它立即变成很稠的黏液，可是在试管里，这东西始终是白色絮片状。

一家大学实验室经过两次实验得出结论，这东西由铝、钛、氧、硅等组成。负责化验的专家声明说，钛的百分比高得出奇，在我们的化合物里不会有如此高的比例，而且在我们地球上根本不存在这样的化合物。

2月27日，考思维尔地区大卫·麦克可伦顿农民的农场里发生了一起严重事件：一头仅三个月的小奶牛失踪了，不久在一片林子里找到了它，牲口已经断气，肚内空空如也，一点内脏都没有。经过仔细检查，发现所有的伤口都是直线开裂。它的右前蹄底的皮不见了，皮被割成两个直角。进一步的检查发现有锯齿状切割。人们采取了6块肌肉组织样品送给阿尔茨胡勒教授研究，后者发现伤口组织都经过高温的处理而碳化了。根据这位科学家说，需要好几百度的高温才能切割出这样的效果来。此外，教授还说，自从他有机会研究分析被肢解牲畜的伤口以来，他已经多次证实了高温切割效应。

与国家兽医局的观点（他们对报界说，肢解是肉食动物所为）相反的是，民间兽医在调查研究了多起肢解案件后认为，肉食动物被彻底冤枉了，因为事实上它们与农场的动物肢解案件毫不相干。

我们已经介绍了众多的案例，事实已经相当清楚了：在发生动物被肢解的事件的地区和时间里，人们看到了不明飞行物的影踪。它们绝非是无辜者。

第二节　调查：在科学的基础上

自我封嘴

在此之前，一些对这一神秘事件感兴趣的私人调查人员在普遍冷淡和耻笑下默默无闻地工作了很多年。一位科罗拉多州的大学教授1975年大闹动物肢解风潮时曾遭到严厉的抨击。他事后曾这样写道：

1976年，我发表了一本总共75页的小册子，题目叫《动物肢解：不可思议的事实》。在这本书里，我把动物直接与UFO联系起来分析。我的调查和研究后得出的结论在农场主中间大受欢迎，可是报界人士对我的书十分冷淡。尤其是我把动物与UFO直接挂起钩来，这样的研究方法令当局和最负盛名的UFO学家们恼火。数年之后我才听说，当时名望极高的几位UFO研究家之间早已达成秘密协议，谁也不可以对动物肢解问题发表任何能使人联想起UFO的见解。这种自我封嘴的做法之所以如此令人吃惊，是因为同样是这些大名鼎鼎的人历来坚决揭露当局禁止公开详细的UFO目击报告的错误态度。在那个年代，我过分天真了，不知道当局的手会伸得那么长，竟能够控制人烟稀少地区发生的许多起动物肢解案件的调查和公布。我也根本不知道当局拥有那样多的有效手段来引导舆论，甚至取消舆论报道，同时又能够制造假消息愚弄民众。

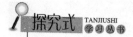

其实，障碍不只是来自当局。目前，尽管对动物肢解案件感兴趣的受过正式训练的UFO研究人员寥寥无几，一般的飞碟爱好者也很少用对待UFO的态度来对待动物肢解案件，也不相信肇事者会来自外星。他们认为，飞碟是其他星球人驾驶的飞行器，这样文明的智能不可能屠杀我们农场里的牲畜。他们甚至起劲地捍卫这样的观点，即来自外星的访客一定是和蔼可亲、心地善良、爱好和平、憎恨一切形式的暴力的。正因为如此，我们于1990年发表的有关调查报告在读者们那里得到的是令人寒心的反应。

我们有充分的材料来证明，这一现象与操纵UFO的那个智能有千丝万缕的联系。如果我们的读者能理解UFO是用来欺骗我们的障眼法的话，那么他们接受我们的意见就不费吹灰之力了。正如我们多次证实过那样，那些障眼法的作者和使用者是一个早就定居在我们地球周围空间里的超级智能。现在让我们来看一看动物肢解现象的进展和现状吧。

幽灵重现

从 1991 年 12 月起到 1992 年 1 月止，一场规模巨大的动物肢解浪潮席卷了美国的俄克拉荷马、堪萨斯、密苏里等州。与此同时，在动物被屠杀的地区，人们目击了夜空中的不明发光现象。仅仅用偶然的巧合来解释是不能说明问题的，也是无济于事的。俄克拉荷马州塞芒地区的目击者米克·马昆先生甚至在他的目击报告里描写了“两个飞得十分低的发光物从空中飞过，其中一个突然悬停在半空，正好在我的头顶上，我们没有听见任何声响”。当时目击者正驾驶着汽车同他的太太一起奔驰在田野的公路上。他们曾停车观察，并仔细听有没有声音。他们回到自己的农场时仍然能看到好几个亮球在他们农场上方的低空徘徊，其中一个亮点突然以迅雷不及掩耳的速度飞走，留下一道绿色亮迹。

1992 年 1 月末，人们报告发生了动物大屠杀，俄克拉荷马州有五个区发现被肢解的动物尸体，堪萨斯州有一个区，密苏里州也有一个区。当地的警察照例指责凶手是穷凶极恶的黑社会。不过，有位叫阿西·亚里克的郡长坦白地说：“奇怪的是在现场没有发现任何痕迹。”

1992 年 1 月 2 日，人们在奥克马附近发现一头奶牛被摘除了心脏。伤口一点血迹都没有，但是治安部门的负责人依然指责是黑社会干了这桩勾当。

1992年2月2日，得到一位郡长报告的调查员朱克·皮纳直奔卡勒威尔，因为同一天早晨，那里有一头公牛在农场不远处被杀，并被肢解。在一名警察带领下他来到现场，采取了被杀动物的组织样本，进行对比化验研究。他把样品交给一家快递公司转给科罗拉多著名的专家约翰·阿尔茨胡勒。后者对样品进行了化验，发现样品上有一种陌生的东西。

科学调查

1989年，在录像片制作人琳达·莫尔东的帮助下，约翰·阿尔茨胡勒这位教授弄到了被肢解动物的组织标本，他发现标本上带有异常的东西，而且他在UFO互助网MUFON于1991年召开的芝加哥年会上披露了他的发现：

显微检查：

动物组织是从被肢解部位的边缘上取来的，以便同周围完好的组织比较。检查研究的步骤如下：嗜碱性检查——凝固坏死——核断裂——液泡的转变……

重要的是应该知道，不管被化验的是什么样的动物组织，对各种促激素的反应基本是一样的。因此，被烧伤了的肉，不管它是人、马、羊、大猩猩、兔子、鸟或其他动物的，其反应都是一样的。同样，冷冻、浓酸烧伤、撞伤、用刀割伤等在组织里造成的变化也应当是相同的。我们现在讨论的课题中伤口是高温造成的，这种现象在人体上也能看到。于是我们对被肢解动物的组织和人体的烧伤组织进行显微摄影比较研究，这样我们便可以对动物被肢解的过程、原因或理由做出推断。

约翰·阿尔茨胡勒教授的结论如下：

对被肢解动物的肉眼观察告诉我们，动物的死不是意外事故，也不是黑社会成员所为。显微镜检查组织表明，肢解是由高温完成的。因此可以得出不能回避的结论，即肢解的切口是用能够发射高温的器具完成的。究竟是什么样的器具，这还是个谜。肇事者的企图同样是个待解之谜。鉴于此类事故发生在人烟稀少、交通不便的地方，同时又有人目击到不明飞行物，这一切都使人联想到外星人。

●另一名科学家的观点

另一位大学教授、生物学家、社会心理工程专家约翰·卡旁特博士在回答《国际UFO报告》杂志主编热罗穆·克拉科关于动物肢解问题的提问时，做过这样的陈述：

我历来为您的高雅的编辑风格所吸引，也为您在有争议的题材方面的观点而钦佩。可是这一次，您转弯过猛坠落路沟，弄了一脑袋的烂泥。您在1992年1—2月号上那篇题为《肢解真相》的社论清楚地显示出了您的贫乏，您对一个引起这么大争论的动物肢解问题缺乏应有的关注，表现出了轻蔑的态度，这使我大失所望。大量的材料有力地证实事故的怪异特性和可信性，而且涉及许多地区的各个案例具有普遍的共同性。我承认700 000个案件这个统计数字是太夸大了，可是起码有数百例是可靠的，是值得认真调查研究的。让我们一起看一看几个事实：

显微化验检查证实，某些被肢解的动物伤口有高温（350°左右）效应，但是没有一点激光外科手术留下的烧焦的痕迹。需知我们的激光外科手术都会留下这样的痕迹。寻找留下痕迹的原因的研究都告失败。动物的血管里一滴血也没有，血管都成了空空如也的管子，谁也不知道血是怎样被抽光的。

众多的奶牛体内的血不知去向，地面上一点血迹都没有。从来没有确定被肢解动物的死因。

种种迹象表明，某些动物尸体是从相当高的空中扔下来的。比如，在我居住的这个地方，有人发现两头公牛的尸体被摔得七零八落，脑袋朝下，牛角深深插入泥土里。还有这样的事例：在我住的这个地区，人们发现一头奶牛被挂在农场围栅的木桩上，好像事先被提到半空，然后投放下来，肚皮被木桩穿透了。可是，人们始终没有找到肇事者和作案工具。

被肢解的动物尸体往往在远离住户和公路的人迹罕至的地方被发现。尽管如此，谁也没有在现场周围看到郊狼或巨鹞一类捕食性动物。恰恰相反，这些动物总是避开被肢解了的牲口。我们收到几个案例的报告，都说食肉动物都不吃被肢解动物的某些部位。比如我居住的这个地区，一名妇女报告说，她吃惊地看到乌鸦没有来吃最近她的被肢解的几具奶牛的尸体。那些装神弄鬼的邪教徒们有魔力使食肉动物放弃自己的习性而眼看着动物尸体不吃？

我为何在被肢解动物问题上持如此坚决的态度呢？因为在我们这个密苏里州所发现的动物被肢解案件，同样在美国其他地方有所发现。最近出现的一次飞碟浪潮持续了三个多月，由俄克拉荷马州东部蔓延到密苏里州的南部，与此同时该地域出现了一次动物肢解案件的目击报告浪潮。这两个浪潮看似无关，实际上是紧密相连的。要知道，报告肢解案件的人都是农民，他们对飞碟事件不闻不问，有的农民连飞碟这个词都不知道，或不曾听说过。一些农民在私下里说，在发生肢解案件的日子里，他们看到天空中有不明的发光现象，一些橙黄色发光体在十分低的半空飞掠他们的牧场，有的缓慢，有的一掠而过。

MUFON的调查员们频繁地出现在事故现场，忙着采取动物尸体的样本，实地考察拍摄录像和照片，以便回实验室化验分析。他们在似乎用激光外科手术器械切割过的动物伤口处采集肌肉组织样品。我曾经摸过这样的伤口，创作面好像被蒙上了一层塑料薄膜。这根本不是捕风捉影，更不是流言飞语，也不是凭空杜撰的谎言。这是一个可以在科学的基础上好好研究的事实。但愿有人愿意致力于此。

同动物肢解一样，在我们地区经常看到不明飞行物现象，特别是在我居住的密苏里州的西南地区。每当人们报告目击到不明飞行现象时总伴有一系列证词说，人们看到模样奇怪的身穿银色服装的孩子。一名农场主和他的儿子在他们的几头牲口被肢解不久，在自己的地里看到一个身穿闪光的金属服装的孩子。最近我们得知，我们这个地区几年前曾发生过一次飞碟浪潮，期间有这样一件事：四个全身穿着铝箔衣服的孩子在目击者眼皮底下大摇大摆地穿过公路。还有，9年前的一天，一对夫妇看到两个身高1.2米的生命体，身穿铝色金属上衣连裤衫，正抓着一头黑奶牛升入空中。同天晚间，这头牲口的主人宣布它的失踪。我曾经用催眠术与一位本地区的妇女谈话，她对UFO一无所知，但是她记得看到一头小牛被一道光吸到空中悬停着的不明飞行物里。不管你愿意不愿意，动物肢解案件与UFO现象有密切的联系。

你为什么说证据是神话般的捕风捉影的东西，或者是神秘兮兮的不可捉摸的东西呢？众望所归的病理学家和血液学家约翰·阿尔茨胡勒教授亲自进行了调查研究，对被肢解动物的肌肉组织做了详细的化验，并发现了令人吃惊的现象。在否定约翰·阿尔茨胡勒教授的研究成果之前，在污蔑录像片制作人琳达·莫尔东的工作之前，请你还是先查一查俄勒冈州国立大学兽医化验室1991年2月22日的分析报告为好，这份报告明确指出，在一头被肢解的奶牛身上采取的肌肉组织样品上有明显的奇怪的锯齿状痕迹。经化验证明，这些锯齿状痕迹是一个高温器械留下的。

如果说在飞碟学里有什么神秘莫测的地方的话，我喜欢努力探索以求揭开这个神话的谜底，而不喜欢采取闭目不视或避重就轻的态度。我认为真正的科学应当对尚无解释的事物进行研究，然后做出解释，而不应该采取轻浮的态度，在毫无调查研究的基础上随意地做出结论。

第三节　真相在哪里

法国著名UFO研究学者让·西岱曾在《夜空光芒》杂志上发表过一系列神秘直升机的目击事件。目击者看见它们在美国牧场的低空运行，尤其是在数次动物肢解浪潮期间。一些美国研究人员甚至认为，这些所谓的直升机大部分可能是以我们人类制造物的形式伪装起来的不明飞行物，另一些才是名副其实的军事或民用直升机。

奇怪的直升机

关于这一点，我们禁不住向读者介绍下面这样一个事例，即美国科罗拉多州拉司阿尼马寺地区的郡长鲁欧·计罗多先生的报告。美国研究动物肢解现象的专家们几乎都认识他。应当回过头去谈论1975年的事，这位官员曾经调查过一系列动物肢解案件，他曾向电台和电视台表示过疑虑和不解。

然而，到了1991年12月31日，鲁欧·计罗多先生来到纽约参加CBS电视系统组织的一次节目，在摄影厅里聚集着不少自称被UFO乘员劫持过的当事人。当他发言的时候，他叙述了自己在1975年的一天正在执行任务过程中的目击经过。当时的任务就是试图当场抓住肢解牲口的恶作剧者。

太阳下山后，天色渐渐黑暗，他亲眼看到一架像是直升机那样的东西，但是十分奇怪的是它的螺旋桨不转，尽管它看来毫不费力地悬停在半空一动也不动。他惊魂稍定后看到，那个不速之客竟然演出了一场叫人不敢相信的把戏：直升机的灯突然变成一团十分耀眼的巨大光球，紧接着光球一分为二，然后迅速向相反的方向飞去，最后隐灭不见。我们曾经看过关于这个案例的录像带，深为那个飞行物的奇异表现所震动。

这个出色的目击报告使我们想起美国的UFO学家沃尔威东先生收集到的同一时期的报告。这些目击报告都提到了神出鬼没的直升机事件，其中数例叙述说，那个不明飞行物会分解成一团雾或一缕烟，另一些则会突然隐灭，好像它们会隐形或非物质化。

在阿拉巴马州，1992年第四季度到1993年第一季度期间，警察托米·科勒好几次看到莫名其妙的直升机。有一次是他家的一头牲口被肢解，第二天就看到了这样的飞行物。有一次他仔细地观察了一架白色的直升机飞行过程：它上面有蓝色记号，在贴近地面的低空飞掠他的家，由于飞得十分低，他家的墙壁和屋顶都颤动起来。这位警察甚至看清楚飞行器里有四个类人生命体，都穿着上衣连裤的工作服。

还有一次是晚上，他看到四架神秘的直升机列队飞行，然后它们在牧场上空做圆圈旋转，忽然冲向地面，忽然朝高空冲去，同时射出耀眼的光束，情景十分惊心动魄。当警察把警车的灯光射向它们的时候，它们熄灭全部的光，腾空消失。警察托米·科勒还报告说，那些不明飞行物发出低沉的马达声响。

这位认真的警察在几个州的同行们那里调查到一系列同类目击事件，当事人都说看到了直升机那样的飞行物，它们的飞行性能超群得出奇，简直令人费解。那些直升机是白色、蓝色、绿色或灰色。在目击到它们的时期里，同一地区有人报告动物肢解案件。

与此同时，也有人报告目击到了不明飞行物，但不如直升机事件那么多。最有意思的事件是家住司基罗莫镇的职业摄影师加利·考里先生报道的事。1993 年 2 月初的一天傍晚，他对空拍了整整一卷照片，起初天空中有一个黑乎乎的点，像一滴眼泪，然后变成一个圆盘状不十分清楚的东西，同时出现一个月牙状的亮物。在拍摄这些镜头前，他已经看到了一个比金星亮的发光物，它在空中 30°一去一回地徘徊着，变换着光的颜色，然后在西北西方向消失。好几个人也看到了这个现象。

调查结果

警察代德·奥利方曾经举行记者招待会报告自己的目击经过。他总结说，90% 的动物肢解案件都伴随着直升机的出现。目击者描绘说：它们体积较小，没有太响的声音，但色彩多变，如蓝色、灰蓝色、白色、淡绿色等。另外，它们都没有供辨别的标准记号。据警察代德·奥利方说，他收集到一个特殊案例，不明直升机上有“联邦飞行管理局”字样。经调查，美国的直升机没有这样的标记，这说明那架不明飞行器借用此名来欺骗目击者……

根据一些与动物肢解案件有直接或间接关系的警察报告，美国联邦航空局曾经进行过秘密调查，企图搞清楚那些扰乱人心的神秘的直升机的真相，但是虽费了九牛二虎之力却毫无结果。

我们可以提出这样一个问题：拥有相当尖端的技术手段的美国当局为何无能调查清楚那么多的神秘的直升机的真实身份？他们那么强大的雷达网和卫星系统是干什么用的？我们将在后边涉及这个问题。

根据调查过1975年事件的佛雷德·威廉先生说，他的调查对象都告诉他，一系列迹象表明，动物肢解案件与那些直升机有联系。飞行物先是劫持牲畜，将其运到别的什么地方进行肢解，然后运回原地扔下。这就说明了为什么地面没有血迹，也没有肇事者的足迹等痕迹。

有些被肢解的牲畜躺在沼泽中央，或者被挂在铁丝网的蒺藜上，还有的被扔在水渠内，嵌在两块巨岩缝里，或者躺在车水马龙的高速公路旁，甚至在北美空防联合系统NORAD总部大门口也有发现，须知那是一个戒备极其森严的地方呀！

那么究竟是谁费这么大的气力，动用这么尖端、这么昂贵的手段来达到如此惊人和费解的效果的呢？为什么美国当局一而再再而三地要人们认为食肉动物是肢解案件的凶手呢？为什么警察当局虽掌握着相反的证据却硬要说肇事者是一小撮穷凶极恶的邪教徒呢？

农场主们的态度恰恰相反，他们坚信当局在欺骗公众。从肢解案件的规模来看，从涉及时间的范围和牲口数量来说，天然的原因和食肉动物的原因都是无法自圆其说的。我们还可以抱怨政府当局，他们为什么不进一步调查那些在美国雨后春笋般地出现的邪教团体的活动呢?

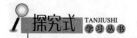

这里也许有一个答案：因为当局十分清楚，肇事者不是邪教徒。

奇怪的访客

我们曾经在一部书里介绍过艾米莉和罗亭的遭遇。艾米莉于1980年在新墨西哥州连同其6岁的儿子一起被劫持上一架UFO，她还看见两个类人生命体正在一头奶牛身上搞什么名堂，奶牛叫个不停。罗亭于1973年被劫持上UFO，目睹类人生命体分解一头小奶牛的全部过程，她5岁的女儿在一旁也目睹了这一事件。在罗亭被劫持之前，她看到那头奶牛被一束黄光吸到空中，然后被送进UFO。琳达·莫尔东曾经说过，1980年，在得克萨斯州的瓦科地区，一天早晨，一位农场主看到两个身高1.20米、大眼睛像杏仁的矮人正在摆弄一头小牛。他惊惶失措地逃开了。

日本肢解

除了美国和加拿大外，我们也得到来自其他国家的有关屠杀牲畜的报告，其古怪的特性不亚于美国和加拿大的报告。比如一个日本民间研究团体在他们的英文季刊里撰文说，他们那里同样发生过奇怪的动物肢解案件：

1989年的两起事件值得一提，一起发生在8月份，另一起发生在10月。第一例发生的地点是离塔克镇仅15千米的黑寨（在东京北面600千米处），人们在8月31日找到了被肢解的牲口。它的乳头被割除，伤口直径为25厘米，深15厘米，左耳的一半和舌头尖已经不知去向。如同美国的同类事件一样，地面上一点血迹也没有。一位兽医应事主的要求到了现场，他观察后说，他有生以来还是头一次看到牲口被如此宰割。第二起案例发生在北海道一家农场里，其情况同样出奇的不可思议。由于媒体炒作得厉害，农场主拒绝接受新闻记者的采访，也不愿意接见民间UFO调查人员，只想大事化小、小事化了。

1990年12月29日，凌晨2时30分许，一位农场主被他家的狗叫醒。狗狂吠了一阵，农场主迟迟没有起床。大约6时许，他的太太起身去牲畜圈干活，吃惊地发现一头奶牛被肢解了，乳头和舌头被仔细地割除，肇事者没有留下任何痕迹。1991年1月4日深夜，这位农场主又被狗的狂吠声吵醒。这一次他立即做出反应，他跳下床抓起手电筒就往牲畜棚里跑。他看到所有的动物都暴躁不安，在那里乱动。突然，他的手电筒照到一个东西：一个像水母一般的东西飘在牲畜圈的半空里！那东西见光立即飞出圈去，突然隐没了。奶牛受到了惊吓，但安然无恙，没有受伤。可是，24小时以后，其中一头躺在地上不肯起来吃食。主人发现它的一条腿多处骨折，仿佛从半空摔下来跌断了似的。

主人突然出现在牲畜圈里，可能打断了入侵者的计划，使它没能来得及劫持和肢解动物。但是话得说回来，谁能保证这样的假设一定符合实际呢？事实上谁也说不清。

瑞典驼鹿

现在回到北欧的瑞典。1988年8月3日，人们发现一头驼鹿死在一个深山里，它的四肢关节折断，肩胛骨和股骨粉碎，好像它被拎到高空又突然扔下地面似的。头天夜里，有人看到山顶上方出现一个发光物。经过兽医解剖检查，完全不能解释牲畜的伤是怎样造成的。两个月后，牲口摔死的地方3米范围内的草木全部枯萎。

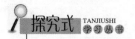

除了上述发生在亚洲和欧洲的事件外，我们没有任何材料证明，世界其他地方发生的动物肢解案件可与美国1973年以来所发生的事件相比拟。

值得一提的是，一些UFO研究家说，不明飞行物最喜欢光顾美国，有关此类事件的目击报告，美国的数目远远多于世界其他地区的。可是，欧洲的UFO研究家们并不同意这个观点。他们说，南美洲的UFO目击事件共数量不亚于美国的，但是动物肢解案件明显地比美国的少。一些UFO研究人员指出，除了心理作用外，动物肢解案件的确有集中在美国的倾向。这里说的心理作用，其用意十分明显，即承认美国的确频繁发生动物被肢解的事故，但是实际数量恐怕没有传说中的那么多，其中一部分很可能是大惊小怪的心理产物。

不管怎么说，此类事件在全世界频频发生，真令人胆战心惊。科学家们应当给当局敲敲警钟，该是我们的决策者惊醒的时候了。

是何居心

种种迹象表明，数个世纪以来，也许可以说自开天辟地以来，一个其外形能千变万化的属于与我们的物理学毫无关系的物理范畴的高级智能，对我们的牛和马表现出了浓厚的兴趣。今天我们还可以觉察得出这样的兴趣，因为美国的牧场里继续有动物被肢解或宰杀。美国政府采取了比对待UFO更彻底的办法，即通过政府的兽医彻底否定

肢解事实，具体办法是撒下弥天大谎。

在我们这个时代，肢解案件可以通过民间调查研究人员去查证，他们中不乏杰出的科学家。民间兽医也对事实的辨认做出了良好的贡献。然而，过去没有这样的人来做这些调查研究工作，因此民间传说里往往缺乏对时间等细节的准确描写。不过我们还是能够向读者提供一段令人难忘的描写，我们在一本于 1690 年出版的书里发现了这样一段话：女神靠着自己的武器去刺穿奶牛或其他牲口，采取动物体内的精华食之……换句话说，她们摄食动物的以太精华，用来延长自己的生命……

诚然，17 世纪末的这段结论如今已无丝毫科学参考价值，但是它却暗示了未来发生动物肢解案件的可能性。

动物肢解者究竟怀有何种用心呢？古代书中没有任何明确的说明。不过我们又一次注意到，动物肢解案件和早些时候的 UFO

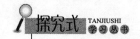

目击事件都基本上集中在美国的国土上。还有目击者被劫持案件也是如此。那里的统计数字远远超过包括俄罗斯在内的其他一切地区。

我们隐约感到，这些一次比一次严重的动物肢解案件似乎要在十分关心此事的美国人心目中造成这样的印象：那些神出鬼没的肢解老手是些吸血鬼，这与事实是完全相悖的。因此我们可以有把握地说，这又是一种骗人的策略。事实上，这些令人不知所措的事件的始作俑者的目的恐怕就是要使地球人惊惶失措……

可是，谁能说我们的这种推论符合事实呢？

知识链接一

被 UFO 锁定

据美联社报道，2004 年 12 月，一架美国商业喷气式飞机飞离克利夫兰霍普金斯国际机场 24 公里后，一束神秘激光径直向飞机的驾驶舱射来，美国联邦调查局已组织人力对此事展开调查。

被神秘激光束照射的商业飞机当时正在 2590 米的高空正常飞行。美国联邦调查局特工罗伯特·霍克说："那束激光在飞机驾驶舱上停留有几秒钟时间，好像飞机正在被人跟踪。"

随后地面雷达的探测显示，那束激光是从沃伦斯维尔海茨市郊区的一个居民区射出来的。

霍克表示，用激光跟踪高度为 2590 米的飞机，表明跟踪人员拥有相当高超的技术。

据 FBI 透露，过去一年间，美国境内已经出现过多次激光跟踪商业飞机的报告。在激光束的照射下，飞行员往往不能正常驾驶飞机，甚至暂时致盲，会给飞行安全带来极大隐患。

美国联邦航空局规定，可发出激光束的任何民用单位，必须事先将其位置登记在册，而且激光束的高度不能超过914米。一般来说，大型建筑工程项目在施工过程中才会使用激光。

按照美国联邦法律规定，非法干扰妨碍商业飞机飞行是一种情节较重的犯罪行为，违法者最多可以被判处5年监禁。

知识链接一

流星还是UFO

2004年12月4日晚，澳大利亚达尔文市上空出现了奇特的发光物体，让澳大利亚人好生奇怪，纷纷猜测此物来自何方。

澳大利亚《北域新闻》5日报道说，4日晚上八点半开始，达尔文市上空就出现了三个连在一起的圆形发光体，它们发出红、绿、蓝三种光，映得夜空很是好看，吸引了很多当地人的注意。发光体首先出现在天空的东南部，后来逐渐移向东北，一直到午夜之后才消失。

由于当地机场官员声明发光体并不是等待降落的飞机，所以人们的推测很容易就转移到"秘密军事飞行器"上来。然而澳大利亚国防部的女发言人凯利·库伯的发言又否认了这种推测，她说发光体不是秘密军事飞行器，与空军没有任何关系。

澳大利亚人今年已不是第一次与这种"天外来客"做近距离接触了。4月初，澳大利亚就有媒体报道说，有人看见一个巨大的火球横贯天际。目击者说“像是打开了 5 万盏聚光灯”！有人推测说这是一颗流星。

当然老天爷也不能光让澳大利亚人民独享眼福。最近几个月里，在伊朗、墨西哥都出现了类似的发光体现象。墨西哥军方还公布了一段录像，说有“11 个不明飞行物围绕着一架侦察机”，不过这种飞行物“只能用红外线相机看到”。

第六章　揭秘：三方的博弈

杰拉德是英国北约克郡警官，同时他还是当地 UFO 协会主席。在他多年的值勤工作中，他不止一次看见空中飞碟。作为一个刑警出身的人，他决定追逐 UFO 背后的真相，以下便是在他的 UFO 研究生涯中遇到的奇事。由此你可以看到，在做一件 UFO 事件的调查时，无论对当事人，还是调查人，或者一些不想暴露身份的跟踪者，都是一件需要挑战和勇气的事情。

第一节　一封可疑的信函

1998 年 7 月的一天早晨，我收到了一封信。那封信就放在我家门前的垫毯上。信封没有丝毫的特别之处。邮戳是南非的。这并没有引起我的注意——世界各地的信件总是源源而至。那时，我的住址作为国际探索组织的联系地址而公之于众。因此邮递员也习惯了送来大批形形色色的邮件。

我记不起当时为何打开了那封信，也许我有点被它吸引住了吧。那是一封打印出来没有署名的短信。写信人声称1989年5月7日，也就是在几星期前，南非空军的一架歼击机在凯拉哈瑞沙漠上空击落了一架UFO。他说飞船被击落时并未损毁，还找到了显然还活着的两个外星人。这两个外星人和飞船被带往南非空军基地。几天后，美国怀特派特森空军基地的一队专家赶到，把飞船和外星人带回美国。

写信人解释说，他之所以匿名是怕信件被拦截。信的最后他答应要把关于此事的官方记录给我寄来。我对此很感兴趣。我收到过大量的关于UFO描述的信件，而且与各国的UFO研究者都保持联系。可是这封信里提到的事件，我却从未听说过。要是能掌握外星人与地球联系的确凿证据，就可以向怀疑者表明，我们这些致力于调查UFO的人并不是精神病患者，而是有缘先睹的先知。它还会使政府公开承认，多年来他们掩盖真相，把人民蒙在鼓里。

暗生疑窦

尽管我对此信的内容有着明显的兴趣，但我还是抑制住了我的激动。那人许诺要给我寄来有关此事件的官方文件。假如收不到文件，得不到比匿名信更真实可靠的资料，我不会加以断言。我把那封信给一个叫阿曼的同事看。他是我从事OFU研究以来结识的最有趣的人之一，他出生于亚美尼亚，1987年来英国之前，曾在英美两国的安全部门供职。阿曼和我合作愉快。他爱好广泛。对我尤其重要的是他是国际情报和军事问题的专家，多年来一直致力于把西方强国研制的秘密武器公之于世。他手里有大量的情报和文件，其中大多数来自美国和英国。我以前和南非没有任何来往，就请他来帮这个忙。他和我一样兴趣盎然。

两星期后一个包裹从南非寄来。我满怀期望地打开邮包，里面除了有一封信之外，还有五页写信人说是南非空军的简报资料。这回，寄信人透漏了他的名字：詹姆斯·冯，他还提供了可以与之联系的南非地址。

我们立刻对复印文件的真实性起了疑心。文件里有许多奇怪的拼写错误和语法错误。我们觉得这还可以解释，因为文件可能是仓促写成的，而且出于安全考虑很可能没有用专业秘书来打印。可奇怪的是文件中既有米制单位又有英制单位。有时说米，有时说码。更令人警戒的是每页抬头的标志——南非空军的徽章——不如正文清晰，好像是复印件的复制品。文件的内容包括了詹姆斯在其匿名信中提到的信息。如此耸人听闻的东西自然让我们怀疑是伪造品。阿曼和我都准备对此一笑了之，把它当做蓄意伪造的假文件。

每页抬头都有南非空军的徽记，一只展翅翱翔的雄鹰。但是复制的非常糟糕，甚至连鹰爪下的格言都难以辨认。五页资料上方都印有“军方机密——严禁泄露”的字样。第一页起头还印着“特别调查研究部（DSIR）”。下面一行是“空军情报部（DAFI）”。标注的日期是1989年5月7日，并说明谈及的是“不明飞行物”，还列出了代码和文件号，并把这份文件定为红色绝密级。后四页的内容包括飞船和类人生物的说明。第一页结尾处写到“计算机保护密码——小心使用”。

击落飞碟

简报资料第二页涉及事件细节，这里全文引用，错误照录：

“格林尼治时间1989年5月17日13时45分，一艘南非海军的巡逻艇电告开普敦海军总部：雷达可测区域出现不明飞行物，正在向西北方向的非洲大陆飞去，时速为5746海里。海军总部回电并证实空中雷达，军事地面雷达站及开普敦D·F·米兰国际机场也对此物进行了追踪。”

“格林尼治时间13时52分，目标物体进入南非领空。曾试图与目标物体进行无线电联系，但一切沟通皆显无效。瓦荷拉空军基地接到命令后，两架幻影歼击机紧急起飞，进行拦截。”

“格林尼治时间13时59分，歼击机发射了两枚激光炮弹，将目标击落。”

古森少校报告说，目标飞行物被击中时发出几次耀眼的闪光，然后开始左右摇摆，但仍向北方飞去。14点零2分开始以每分钟900米的速度下降，随后以更高的速度与地面成25。角俯冲，在沙漠地带撞上地面。此处距南非与博茨瓦那边境80千米，是凯拉哈瑞沙漠的中心。古森少校奉命封锁此地，直至飞行物被找到。一队空军情报军官，技术人员及医务人员立即赶到，进行搜索。

发现的情况如下：

1. 一个直径150米，深12米的坑。

2. 一个银色的碟型物体成45°角斜嵌入坑内。

3. 碟型物周围的沙子和岩石因炽热而融化。

4. 碟型物周围的强磁场和电波使空军电子设备失灵。

第三页是关于“飞船特征说明”，包含下列内容：

飞船类型：未知——疑为外星飞行物。

来源：未知——疑为来自外星。

识别标志：无——侧有金属铸成的古怪徽章。

尺寸大小：长——约 20 米。

高——约 9.5 米。

重——约 50 000 千克。

船身材料：未知——期待进一步的实验结果。

飞船表面成光滑的银色，毫无瑕疵。

飞船的内外层没有可视的结合处。

飞船的边缘处有 12 个卵型小窗，呈不均匀分布。

驱动力：未知——期待实验结果。

注：

(1) 水力驱动的着陆装置完全呈打开状，表明电力装置失灵致使飞船坠毁，可能是因为激光炮击中了飞船。

(2) 研究人员正在观察该飞船时，突然听到一响声，他们注意到飞船下端轻轻出现了一处开口。

穿紧身衣的类人生物

第四页还是注释。

(3) 从飞船的开口处出现两个身穿紧身衣服的类人生物。

(4) 飞船内的各种物品被取出并进行分析。我们仍在等待结果。

类人生物的医学报告：

来源：未知——怀疑是外星人。

身高：1.2～1.4米。

肤色：灰蓝——肤质光滑，富有弹性。

毛发：身体各处无任何毛发。

头部：就人类的身体比例来说显得过大。突出的颅骨带有蓝黑色纹路，延伸至整个头部。

脸部：颧骨突出。

眼：眼睛很大，向上朝脸侧斜倾，看不到瞳孔。

鼻：较小，有两个鼻孔。

口：窄小的裂口，没有嘴唇。

下颌：与人类比例相比较宽。

耳：未观察到。

颈：与人类比例相比过细。

躯体：臂纤细，臂长及膝。

手：带蹼，3个手指，爪型的指甲。

躯干：胸腹部皮肤下有肋状物。

臀：窄小。

生殖器：无外在的性器官。

脚：3指，无指甲，有蹼。

注：

由于担心类人生物具有攻击性，未能提取血液和组织样品。他们对各种事物均无兴趣。沟通方式仍不可知，可能是靠心灵感应。

类人生物被关在秘密空军基地，有待进一步的研究。

已要求将类人生物移交美国怀特派特森空军基地，以期进行更深入的调查和研究。

最后一页的开头注明“结论”，内容如下：

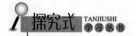

（1）目前未有定论，等待研究结果。

（2）飞行器及类人生物将被送往怀特派特森进行更深入的调查研究。

（3）移交日期：1989 年 6 月 23 日。

注：

结论是开放式的。

本文件是同期报告的最初成果，进一步的细节有待南非和美国怀特派特森空军基地进行彻底的调查和研究。

前期记录完毕：1 页 ~5 页。

第二节　南非故事：真实与虚构

尽管对这份文件的出处有不少疑虑，我们还决定与詹姆斯取得联系。我们知道了大量的细节，觉得有必要查证一下是否有任何真实之处。不真实的文件并不意味着这一事件就不值得调查。阿曼和我看法一致，即不要花费很多时间，只是做一些初步的调查。要是发现了其他可疑文件未曾提及的新的情况，就只去追查这一事件，从而证实这个 UFO 故事。

当我们在电话里询问詹姆斯时，他坚持说文件决非伪造。

凭着高等通行证，我们找到了南非空军的一位现役军官。詹姆斯给我们提供了他的姓名和个人情况。使我们惊奇的是他证实说确实有 UFO 被击落，并声称手中有 UFO 及其乘客的 25 厘米 ×20 厘米的照片。此外，怀特派特森基地发来的一份长达90页的传真，详述了对UFO及其乘客的处理。

对我们而言，此事涉及的怀特派特森基地毫不意外。举世闻名的罗斯韦尔UFO坠毁事件发生时，怀特派特森就是其残骸的收整之处。罗斯韦尔事件在别处曾被广泛报道过，而且一直是研究最为深入的UFO事件。

新墨西哥州往事

1947年7月，新墨西哥州。暴雨袭击了科若拉附近的荒漠。午夜时分，牧场管理人威廉姆·布莱兹突然听到一声巨响。第二天一早，他便骑马到牧场去查看何处遭到了雷击。他发现地上有一个深坑，好像被一巨型物体撞击所至。离大坑1.2千米外散落着一些稀奇古怪的残骸。4天后，布若兹——他的牧场里没有电话——到最近的罗斯韦尔镇时，带去了一些残骸的碎片，交给了镇上的行政司法长官。

坠毁事件之前的一二个星期，当地的居民就报告说他们看到“飞碟”在新墨西哥上空盘旋。所以在看到布若斯带来的那些“残骸的碎片”后，就立即向罗斯韦尔空军基地报告了此事。杰斯·玛考尔上校作为军方情报人员，被派往此地调查。他把碎片装到别克车的行李箱和后座上运了回去。

回到基地，负责公共信息的沃尔特·豪特中尉对媒体公开宣称：

关于飞碟的种种传说昨天变成了事实。由于一位本地农场主和地方长官公务处的通力合作，罗斯韦尔空军基地第8航空队第509爆破小组幸运地发现了飞碟。

上星期，此飞行物在罗斯韦尔附近的一处牧场降落。

媒体发布消息时又说到残骸被送往“高级总部”。

通告刚一发布，立即就被收回。坠毁现场被封锁，布莱兹也被软禁了一个星期，并警告说不许向外界透漏他的所见所闻。

为了平息媒体的种种猜测——来自世界各地的电话征询络绎不绝——官方的声明说残骸是气象气球的，而且已被运往得克萨斯州福特沃斯的第 8 航空队总部，在那儿对摄影师开放。这种掩饰效果不错，一切都恢复了平静。直到 30 年后，玛考尔从美国空军退役时，他才道出了实情。他说他确信当年在福特沃斯展示的残骸不是他从荒漠中找回的那些。

在麦考尔公开了实情后，各种各样有关罗斯韦尔坠毁的消息和猜测便铺天盖地而来。甚至还有消息说，在罗斯韦尔坠毁时间发生的同时，美国空军在新墨西哥州的其他地方发现了多个完整的 UFO，里面还有外星人的尸体。在离罗斯韦尔 150 英里的地方，工程师格兰迪·巴内特（每个认识他的人都说他是个诚实可靠的目击者）报告说他曾发现了一个看似完整但已损坏了的 UFO，里面还有外星人的尸体。

他的描述与詹姆斯给我们的文件中描述的几乎一模一样；“他们长得像人类，但又决非人类。圆形头颅，小眼睛，没有头发，眼睛的位置非常古怪。就身体的比例来看，他们的头显得很大。身上的衣服是灰色的，上下连成一体。

也有目击者说至少有一个外星人被发现时还活着。有一位护士报告说她曾看到过几具瘦小的尸体。有位飞行员报告说他曾驾驶过一架小型飞机飞往怀特派特森空军基地，据说飞机上装运的是外星人的尸体；当地的一位殡仪员报告说有人曾经想要买几副最小的棺材。1994 年，美国空军曾承认掩盖了真相——但是据他们所称，他们只是掩盖了一项绝密计划，即在气球上安装声音探测器，以侦察苏联的核武器。

尽管罗斯韦尔事件早已过去，许多最初的目击人也已辞世，但是，我和大多数严肃的研究者都确信如此壮观的UFO发现和众多的证据表明，各国政府一致联合，蒙蔽了大众的眼睛。

虽说本人对此事未曾做过第一手的调查和研究，不过我与许多倾注了多年心血的研究者都有交往，而且对他们非常敬重。

外星人的尸体

从那时起，在有关UFO和外星人尸体的报道中就常提及怀特派特森空军基地。第二年，即1948年，新墨西哥州发生了另一起UFO坠毁事件。这次是在邻近的阿兹台克的沙漠中。有报道称军方用直升

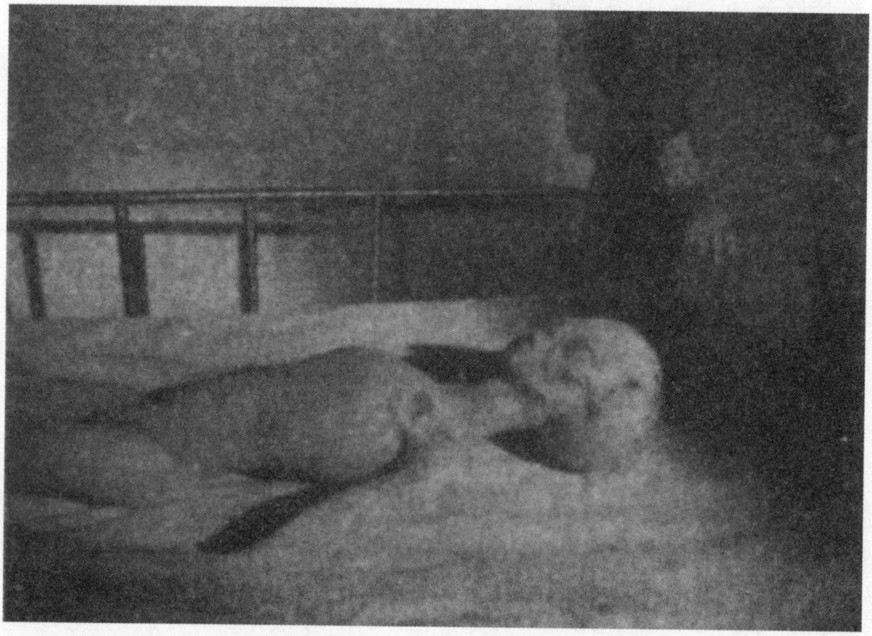

机把外星人的尸体送往怀特派尔森。5 年后的 1953 年，亚利桑那州，在一起坠落事件发生后发现了更多的尸体，由冰层包裹，被送往怀特派尔森。

这些年来，部分曾在基地工作过的人们站了出来——有的是在临终前——讲述自己的亲眼所见：低温冷冻后保存的尸体，藏在封闭机库中的外星飞船。他们有的是普通技术人员，在正常工作中偶然发现了这些情况，也有曾参加高度机密研究的资深官员和科学家。1954 年，艾森豪威尔总统视察基地时，参观了这些尸体。当天他的日程安排表上有一段几小时的"看牙病"的时间，可是没有发现可以证实此种说法的牙医。喜剧演员捷克·克里森曾花费大量的时间和金钱从事 UFO 研究。他也是艾森豪威尔的挚友，临终前告诉妻子说他也参观了基地当时正在进行的研究，并且证实了老朋友艾森豪威尔看到了那些尸体。

伪造与真相

由此看来，詹姆斯提供的文件中出现怀特派特森毫不稀奇，但这丝毫不能证明材料的真实性。我们中花时间研究这个问题的人认为，怀特派特森是"紧急介入小组"的大本营。那儿有一组专家时刻警惕着，随时准备飞往世界各地辨查和研究有关外星人来访的任何确凿的证据。由于长期以来美国人一直是这个领域的主宰者，大多数国家乐于把这个容易引发争议的问题丢给他们——虽然英国人也成立了一个紧急介入小组，本书将会谈到这一点。

既然已从南非空军情报人员那得到了证实，我们知道我们将会发现一些真相。詹姆斯也许真的伪造了一份文件——我们对他仍持怀疑态度——但即使如此，我们也认为他的伪造是建立在事实的基础之上。那位情报官员也证实了文件中提到的代码“银钻石”也确有其事。他说要他提供进一步的信息要有交换条件：拿英国研制的 TR-47 来交换。后来我们才发现，这是英国最新研制的挑战者坦克。那时它正在接受新式装甲武器的测试。我们弄清了 TR-47 的意义后，就及时将南非当局的兴趣报告给英国安全部门。

紧接着，我们不得不说服那位南非情报人员给我们提供信息时不要附加任何条件。几天后，他寄来了更多的有关凯拉哈瑞事件的资料，包括美国和南非的军官、医务人员和科学家的名字。这些人参加了对 UFO 的寻找及研究。

肯定与掩盖

与此同时，我们还与一个阿曼认识的在美国情报档案部门工作的人取得了联系。他以前曾为我们提供过一些有用的信息。和我们一样，他也相信美国政府掩盖了太多足以轰动世界的重要事件。他准备不惜任何代价帮助我们揭露真相。我永远也不会说出他的姓名。我知道一旦美国政府发现他泄露情报，他就会坠入万丈深渊。

他能够向我们证实凯拉哈瑞坠毁事件确实发生过。美国人带走了 UFO 和外星人。此外，他还给我们透漏了一些极其重要的新的细节：“银钻石”是南非用来代表此次事件的代码。但美国人用“餐具室计划”作为从发现到研究整个过程的代码。我们确信我们将会有重大发现。南非方面寄来名单后，我们就有了具体的工作。名单里有一位非军方科学家在怀特派特森空军基地的科学情报处工作。我们给他打了电话，这好像是检验名单是否真实的最直接的办法。

怀特派尔森的话务员给我们接通了他办公室的电话。阿曼和那位科学家在电话里交谈时我把交谈的内容录了下来。

阿曼对他能够如此轻而易举地与对方取得联系感到吃惊，他原以为要花上一点工夫。他没有通报姓名便直奔主题，说自己是在美国（不是在英国）打电话。阿曼提到了银钻石代码和美国的餐具室计划。那位科学家的回答显然有点不知所措，对此问题表示爱莫能助。

第二天我们又打电话过去时得知他已外出，几个星期后才能回来。

那位科学家对待这个突如其来的问题的态度让我们确信，这一回是找对门路了。更令人感到鼓舞的是当我们打电话给南非军事情报组外事方面的军事顾问，再次陈述所知情况，并请他给予证实时，他的回答是“此事绝对没错”。

第三节　当事者的难言之隐

下一个要查询的是原记录中提到的那位飞行员古森少校。我有个熟人在军队里呆过，我和他谈及此事时他说他能从英国情报部门搞到消息。他假装曾是古森少校在英国皇家空军的旧相识，打了几个电话就弄清了古森的去向。原来他不在瓦哈拉空军基地，而在普来特瑞附近的一处基地。显然，下一个电话就要打给古森了。这回我的朋友讲的是美国口音。他曾在美国生活过，做到这一点毫无问题。他假装是怀特派特森基地的布鲁奈尔将军，此人是美国空军的一位高级官员，我们从南非和美国得到的文件中都提到过他的名字。这次通话的内容也被录了下来。下面是录音的一个片段：

呼叫人：是古森少校吗？

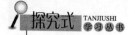

飞行员：正是。

呼叫人：我是美国怀特派特森空军基地的布鲁奈尔将军。

飞行员：是，将军。

呼叫人：听我说，少校，有件事我搞不清楚。现在我面前有一份银钻石文件，但文件上没有说明你们对目标开火几次。

飞行员：您，刚才您说您是那位，将军？

呼叫人：怀特派特森的布鲁奈尔将军。喂，少校，我的问题不会太直接了吧？你对那鬼东西开了几炮？

飞行员：一炮，将军。您稍等一下，我去接个电话好吗？

呼叫人：不必了，少校，你已经回答了我的问题。

关于军衔的口舌

自从詹姆斯提供的文件公开后，批评者和怀疑者一直试图推翻整个凯拉哈瑞事件。他们对文件的真实性提出怀疑的根据之一是文件中使用了英国军衔中的少校称谓，而南非空军采用的是美式军衔。

我的解释是，电话中古森本人只是回应了“少校”的称呼，而未加纠正而已。听说南非飞行员喜欢英制军衔，喜欢它带来的英国皇家空军的接纳感，相对美国空军说，他们更推崇英国皇家空军。

不管军衔怎么称呼，古森对此事件的确认对我们是一个很大的鼓励。我们进行了更为广泛的电话调查。其中打给北美空间指挥部值班军官的电话很有意思。北美空间指挥部是一个保护美国不受敌军空中打击的组织，拥有复杂的侦察及追踪系统，每天追踪着成千上万个空中目标。其中的一小部分不可避免的涉及 UFO。我们又从一些以前的职员和一些常常出于人类责任感而吐露机密的人们口中，获悉北美空间指挥部的文件里含有大量的有关外星人活动的内容。

詹姆斯的压力

我们用阿曼搞到的直通号码给北美空间指挥部打电话。由于被认为是内线电话，北美空间指挥部的官员们很乐意在计算机的记录中帮助查找，结果证实了他们曾在凯拉哈瑞事件发生的那天追踪到一不明飞行物进入大气层并向非洲大陆飞移。另一个电话打给了怀特派特森基地的特别调查队，并与一个据说是当美国人发现 UFO 时在现场的人取得了联系，他拒绝证实，但也不否认。

1989 年 7 月 31 日，詹姆斯在我们不断施加的压力下，来到了英国。能面对面地见到他，真是太棒了。他年纪轻轻，高高瘦瘦，说话时带有明显的南非口音。他拿出几份证件和文件。其中一份文件上印有美国国家航空和宇宙航行局的抬头。一份是美国国家航空和宇宙航行局的出入证，还有一份是国防情报部的证件，上面有他的照片。此证件证明他是美国空军中尉，在怀特派特森空军基地的空中技术情报中心工作。此外还有一封基地副指挥官的证明信，证明詹姆斯于 1984 年 9 月至 1989 年 1 月期间在美国空军服役，后因个人原因离开军队。和他上次给我们寄来的文件一样，这些文件也是伪造的。我和阿曼请来了在《国际探索》任主编的格瑞勒和马克兄弟与詹姆斯进行了交谈。我们中没有一人相信这些文件。尽管受到了质疑，詹姆斯仍面不改色，竭力坚持。

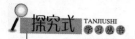

多亏了他，我们才警觉到凯拉哈瑞事件的存在。我们也已查实他提供的大部分细节是真实的。所以我们并没有把他当成骗子。但是他的动机却实在可疑，令人难以琢磨。如果他暗中搞到了绝密信息（显然如此，不管他是怎么搞到的），他为何又要弄出这么粗劣的伪造品，让人怀疑它的真实性呢？

当事者的谎言

他在伦敦的两个星期中，大部分时间都待在阿曼在诺丁汉姆的家里。期间他拿出了一套南非军服。这和他伪造的文件一样难以让人信服，几乎每个曾在南非服役过的年轻人都会有一套军服。此外，我们现在有时间研究詹姆斯。我们了解到他曾是个 UFO 迷，在年仅 16 岁时就加入了互动 UFO 网，那是个严肃的致力于 UFO 研究的国际组织。我并不是他写信的第一个人，他和这一领域的许多专家都有联系。

但由于某种我永远揣测不出的原因，他选择了我作为伟大真相的泄露对象——然后又借谎言和伪造为它罩上层层迷雾。

阿曼和我质问他为何不能自圆其说，他要么愠怒不语，要么声称自己只是一场更大的游戏中的一员小兵，仅仅传递了别人赋予的信息。他还说美国人已经找到了坠毁的 UFO 中的水晶碟，破译了密码后，发现了有关飞碟将要着陆的地点，并且现已控制了这些地区。他说我们的星球正面临着一场迫在眉睫的危机。但是我们从未发现关于这些飞碟的任何确凿可信的消息，我们认为这不过是詹姆斯狂野想象力的又一次自由驰骋。

与他打交道让人生气。他给我们最初的报告中显然有许多真实情况，我们对此已发现了众多的确证。但是他面对长时间的质问，仍不愿意放弃讲述中的那些一望即知的谎言。他总是装出曾在南非情报机关任职的模样。那个组织规模庞大，难以归类。吸收新成员时毫无歧视，但是没有人愿意相信他，国家安全局也没有发给他什么证明。

虽然恼怒，我们还是切身体会到，他是真的害怕某些人或某件事，这一点已相当清楚。阿曼录下了詹姆斯与一位南非情报官员的谈话，还录下了另一次他与一位南非使馆官员的电话交谈。此后不久，就有电话打到阿曼在诺丁汉姆的家中，打电话的人说自己是南非情报机关的资深人士，要找詹姆斯通话。他们说的都是非洲语言，虽然听不懂，但仍可听得出那人显然对詹姆斯大为光火。随后的翻译表明，那是对詹姆斯的一连串辱骂，还要他立刻回到南非。

南非特工

我还察觉到詹姆斯在伦敦期间一直被跟踪。当警察时，我受过监视技巧的训练，因而懂得要当心什么。我也注意到了一两个警戒信号。我向熟人打听了一下，证实了他确实受人监视，那些人肯定是南非特工。这可是一件大事，不能一笑了之。因此，尽管我们明白詹姆斯可疑，但我们又确定他确实知道些真相。如果他只是个无害的疯子，谁会耗时间来监视他呢？几天后，阿曼接到了一个南非情报官员的电话，此人声称手中有 UFO 坠毁的照片。我们曾查过他的身份，知道他曾在一个与国防部同级的档案部门担任资深官员。他说他因泄露情报已招致了许多麻烦。他还说南非当局已查明了所有参与调查的人。我们明白这是在指我们。他认为是詹姆斯把他拉下了水，害得他整天担惊受怕，就像生活在地狱之中。

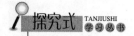

詹姆斯在阿曼家里接到的另一个电话是南非使馆打来的。我们录下了这次通话。话语里流露出含蓄的威胁，告诉他该回南非去，否则会遇到更多的麻烦。

我们决定与南非使馆联系，请他们提供有关凯拉哈瑞事件的书面记录，再问问他们为何对詹姆斯如此感兴趣的原因。他们最初的反应是不知道我们所说的是何事，当我们拿出他们以及资深情报官员与詹姆斯通话的磁带后，他们答应调查一下。

这种承诺意义不大，但至少我们已经摊了牌。还有一张王牌没有亮出来：此时我们从美国情报部门的熟人那里得知，南非住伦敦使馆给怀特派特森发过一份传真，其中谈到了凯拉哈瑞坠毁。传真是住伦敦的一位上校发出的，我们知道他的名字。但是南非使馆中似乎没有军方人员。我们查询时发现在伦敦他的名字前只是简单地冠为“先生”。这并不奇怪，世界各国的情报人员都是作为普通的文职官员混入使馆。

第四节　曝光意味着冒险

魏拉德的信息

1989 年 9 月，在约克郡召开的国际探索大会上，我第一次公开谈论了凯拉哈瑞事件。那时，阿曼和我都觉着我们已经掌握了充分的证据，至少能够证明沙漠中发生过非同寻常的事情。某种残骸被运往怀特派特森。我们的发言引起了不同的反应，有人支持我们的观点，也有人因为詹姆斯提供的文件中出现的明显的不真实性，而对整个事情不屑一顾，对其他的证据也不加考虑。

此后不到一个月，我参加了在法兰克福举行的另一届 UFO 大会，作了关于凯拉哈瑞事件的报告。报告完毕后，一位先生向我走来。他身材矮小，头发花白，蓄着山羊胡子。他自我介绍说他叫魏德拉·史帝文斯。以前我听说过此人，但未谋其面。他是一位受人尊敬的 UFO 学者，以前曾是美国空军中校，二战时的飞行员，在美国情报部交际甚广。如今他已年过七旬，但身体硬朗，神采奕奕。

魏德拉未出席约克郡大会，所以对凯拉哈瑞事件一无所知。重要的是，在约克郡会议上，阿曼和我都未提及南非政府用 UFO 残骸换取核技术。

魏德拉自我介绍后，又告诉我他从美国海军情报部的朋友那得知美国向南非提供了先进的核技术，以此换取 UFO。他从另一个方面证实了我们已知的种种情况。国际法禁止南非拥有核力量，美国人这么做显然是下了决心要得到 UFO 及外星乘客。

破产的信誉

此时，阿曼和我都不知詹姆斯的去向。他在欧洲和加拿大都工作过，和不同的 UFO 研究者打过交道。他到处借钱，债台高筑，却仍称自己是从南非情报部门逃出了的。我们对他已忍无可忍，虽说他让我们警觉到凯拉哈瑞的 UFO 事件，但他的谎言和搪塞让人难以忍受。再说，他使我们所有真实的信息都变得可疑起来。

那些与他交往不多的人可以把他当做一个恶作剧者，轻松地抛到一边。但我们清楚，他泄密的方式的确害处不小。从互不关联的消息渠道，我们得知一位南非情报人员由于给詹姆斯提供了消息而陷入困境，以致不得不逃离那个国家。詹姆斯掩盖消息来源的手段过于笨拙。别人可以轻而易举地发现他。我们这些对此类工作经验丰富的人懂得，最重要的是永远不要暴露你的消息来源，尤其是那样做会使提供消息者濒临危险时。许多从事高度敏感性工作的人为公众的利益着想，冒着不惜牺牲自己的职业的危险，向我们这样的人吐露机密，是因为他们认为政府向公众封锁 UFO 及外星人与地球联系的消息是错误的。

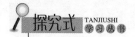

每当使用他们提供的信息时，我总是先从其他熟人那里证实一下，而且极力不漏痕迹，以保护他们。我宁愿把消息闷在心里，永不泄露，也不愿危及任何一个给我提供消息的人，这就是为何在本书中各处提到的给我提供消息的人个个都形象暗淡、不够鲜明的原因。而詹姆斯，既不像我有种种顾虑，也没有和我一样的警察背景。说好听点，他是天真，不谙时世；说难听点，是对提供消息者的安全不负责任。到今天，那个逃离南非的军官也无法回到祖国。他一直害怕南非政府会逮捕他。我知道他化名客居他国，但我永远也不会说出来。我只能和他一样希望南非政府倾覆，使他不再被通缉。

被监听，被跟踪

关于凯拉哈瑞事件我已拥有一叠 30 厘米高的文件。其中一份是位在美国情报档案部门就职的熟人送来的——他是一位美国政府官员，一位为他人着想的人，视向世界揭露真相为已任。这份文件中说道——暗指南非当局："鉴于我们目前的尴尬境地以及对目前在逃的南非泄密情报人员的安全考虑，我们商定'餐具室'计划仍由我们单独进行"。

受到威胁的不只是南非情报官一人。在英国的一位熟人警告说，阿曼和我都在受人监视。有时我察觉到自己被人跟踪，经常是当我外出时，一辆车悄悄地跟着我的车，夜晚外出时尤其如此。这时我就故意带着跟踪者在约克郡的荒原上兜圈子或驶向我熟悉的不知名的小路。我清楚自己是猎物，但是他们从不接近我。

我怀疑我家里的电话已被监听，于是我请教了一位电子专家。他证实了我的电话已被监听。我们怀疑这是南非情报机构干的。

还有人告诉我，法国特工人员一直在对阿曼和我进行监视，让我们近期千万不要去法国。我不明白我们到底做了什么事惹恼了法国政府。后来才想起，南非情报机关的欧洲控制总部就设在法国。还有人告诉我，曾经讨论过是否应该"除去我"，但是谢天谢地，他们考虑到如果在英国的土地上发生此类事情，将会导致非常政治化的尴尬局面。此外，还有人警告我不要去南非。

可想而知，宝琳受到了惊吓。她已听任了一个事实：以前准备两人安享晚年的梦想怕是要落空了——和从前一样，我还要辛勤地工作。但她没有料到，我还要面临危险。然而，现在我所处的情景比我以前处理过的最血腥的暴力案件都更让人心惊胆战。这时，我被邀请参加 1990 年 6 月 22 日至 24 日在德国举行的一次重要的国际 UFO 大会。我们发现从曼彻斯特机场到慕尼黑，一直有人在跟踪我们。在慕尼黑的 3 天里，又与我们如影随形。那人二十七八岁，身穿牛仔裤，便装衬衣和带帽夹克，满脸胡须，一脸凶相。在飞往德国的飞机上我注意到他。因为在机场时，他就和我们寸步不离。上飞机后又坐在我们的前排，出入境检查时他没有出示护照，而是一张卡。这时，我的怀疑得到了证实。他参加了会议。回程途中又坐在我们前一排。抵达英国后，他跟着我们穿过护照查验通道时，我瞥了一眼他的卡：是带有照片的某种证件。由于行李出了点差错，我们耽搁了一会。同机的其他乘客都走光了，只有他坐在近旁，漫不经心地看着报纸。他做得太明显了，于是我断定，他希望我明白他的跟踪。

我要真相

正是在这种怀疑和恐惧的情形中，我惊奇地看到詹姆斯作为听众出现在慕尼黑大会上。我一直都想和他谈谈，弄明白他原先给我的那些伪造文件是怎么回事。仔细想想，他已置我于两难境地。其他 UFO 方面的专家和研究者痛斥整个事件，就是因为詹姆斯提供的文件中有明显伪造的痕迹。然而，也正是他把我引入这个重大的事件中，从而危及到我的生命。

在演讲厅外的走廊里看见他时，我告诉他我需要和他谈谈，并把他带到比较安静的前厅，好避开其他人的注意。他乖乖地随我而来。他看得出我是一本正经。起初，他还想用老一套来糊弄我，又说文件是真实的，我终于忍无可忍，大发雷霆。“我要真相，现在就要！”我喊到，同时把他按到墙上。“彻头彻尾的谎言，害得别人身处危险，连生命都受到了威胁，这一切我受够了！是你，使我们陷入可怕的困境，你至少能给我们真相！”

这么强硬的话让他感到震惊，但几秒钟的恐慌过后，他看来放松些，好像觉着游戏已经结束，不能再吊我的胃口了。他点着头说，只要我想知道，他全部都告诉我。

我感觉他态度认真，但仍抓着他的胳膊，只不过没有刚才那么用力。他有可能突然窜走，要是我和过去一样年轻，也许能逮住他，可他比我年轻 20 岁呢。

真实的故事

他告诉我，他的一个朋友在南非空军情报部门任职。12 个月前，由于知道詹姆斯对 UFO 兴趣浓厚，于是便偷偷地给他带去了几份关于凯拉哈瑞事件的绝密文件。詹姆斯立刻意识到这可是绝对能引起轰动的东西，就请求他至少抄录一部分。但由于职业的原因，他的朋友坚持文件一刻也不能离手，也不能复制——最多只能让詹姆斯仔细地阅读一遍。

詹姆斯知道自己碰上了大新闻。会面后回家赶快写下了能够记得的每一个字，包括日期、时刻、代号、甚至文件的格式。他记忆力惊人，过目不忘，能够精确地记起文件的内容，就好像文件在他手里一样。而且我们后来的调查也发现，他的记录是正确的。日期、代号和任何可查证的细节都被准确地记录了下来。

伪造好文件后，他决定寄给我。我不知道他为何要做出这样的选择。也许是由于他有曾经被警方追踪过的记录，使他无法把那些伪造的文件交给一名记者——他需要另一种人，像我这样，刚从警察局退休，同时作为 UFO 研究者又名声在外。也许他想最终发笔大财，但事实上，他只是从一些 UFO 爱好者那儿骗来了一些小钱。

不管怎样，也不管他的动机如何，我觉得自己至少明白了真相。

我让他以他家人的生命起誓他说的是实话，然后放了他，回到了会议厅。从那以后，我再也没有见过他。不过听说他还在德国。

世界的关注

在我发言之前，主持会议的德国人向与会者介绍说在座的人中有两位南非住德国使馆的官员，并向他们表示欢迎。那两人看来挺尴尬，但还是坐在那儿听我发言，并记着笔记。我一讲完，他们就离席而去。他们对我的兴趣再一次证明了詹姆斯伪造的文件是建立在真实的基础之上。

对我感兴趣的不只是南非人和美国人。有一次，在德国法兰克福举行的会议上，有人把宝琳和我介绍给了玛莉莲·普罗维奇。她是俄罗斯最早的女宇航员之一，曾两次被授予最伟大的苏维埃勋章“苏联的英雄”，那时，她已是宇航员训练基地的教官了。她邀请我们到她的房间去喝两杯。我没有推辞。就在我们更衣准备上门拜访时，有人从门下塞进一张纸条。

我认识那个塞条子人，他以前是美国中央情报局的特工，如今在做 UFO 的研究工作。他警告我要小心，告诉我普罗维奇的每位随员都是克格勃的成员。

宝琳和我按时来到她的房间。那是个豪华套间，摆满了还未除去玻璃纸的花束。普罗维奇矮小丰满，40 多岁。她用香槟酒招待我们，对我们非常殷勤。房间里还有 4 个俄国人，在喝伏特加。我注意到虽然香槟酒伸手可及，她却几乎滴酒未进。她没有问起过分的问题。她可能在估摸我，希望我喝醉后，会说出点什么。当然，我喝得极少。

第五节 条条道路通罗马

对凯拉哈瑞事件的大部分调查工作都是由阿曼和我进行的。但是，从相互独立的其他被调查者那儿得到的支持和确证还是鼓舞人心的。比如曼彻斯特的律师哈瑞·哈瑞斯从他的线人处听说凯拉哈瑞地区有架 UFO 被击落，残骸后来被运到美国。哈瑞斯于 1989 年 8 月得知此消息，在此之前，我们尚未就 UFO 被击落及寻获事件发表过任何评论。

非洲的回答

后来，哈瑞斯在听过阿曼和我在约克郡会议上的研究报告后，这位经验丰富、能力超群的研究者，给怀特派特森空军基地发了份传真，询问凯拉哈瑞事件。令人惊讶的是他很快就收到了泰德·瓦德海姆签署的答复函。回函的台头是“非洲地区国际后勤中心空军后勤指挥部”。这份传真很奇怪，使用了“黑色大陆”及“白色高级南非部队”之类的词语，声称，“所提及的物体”未被击落，而是因“高级合成材料疲劳”而爆炸坠毁。此外，“出事地点未发现任何生命”。信末的问候语很滑稽：“愿军队与您同在”。由此令人加深印象。也许，这是个恶作剧。

第二天，哈瑞斯又收到了瓦德海姆发来的一份传真。这次的措辞不那么莫名其妙，并说，“无法证实去年5月所发生的事”，接着，又做出了以下可能的解释：“差不多一年前，在凯拉哈瑞上空出现了一个火球或坠落的卫星”。我们明白这是在分散我们的注意力，而且也听到怀疑论者反复这样说过。但是，就UFO坠落一事，我们有充分的证据，所以确信它们是发生在沙漠中的完全不相干的两回事，而且时间前后相差1年。

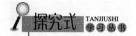

哈瑞斯的两份传真说明什么呢？我怀疑前一份来自南非分部的某位从事UFO相关工作的非官方人员，他想让我们知道我们走对路了，也许正是瓦德海姆本人。不过，我怀疑这个人是否会署上真名。第二份很可能在声明官方的立场，以便将来有案可查。我们查询传真号码时，发现了在怀特派特森空军基地有处南非分部，我们还查实了泰得·瓦德海姆确有其人。

另一条线索

国际探索组织的同事提供了另一条重要的调查线索，一艘南非军舰的名字“塔非伯格”，这个名字在詹姆斯的文件中曾被提及过。我的同事花了很多时间来调查这条线索。刚开始很失望，没有找到这条军舰，但是最后在一份国际商船记录上发现南非的塔非伯格号军舰被列为一支舰队的补充船只。这艘船上的装备非常先进，或许能跟踪并报告UFO的踪迹。

当这位同事以记者身份直接与南非使馆联系，询问凯拉哈瑞沙漠中UFO坠机缘由时，最初受到一番嘲弄，当提到詹姆斯时，使馆官员意识到事态严重了。

“我面前的桌子上有詹姆斯先生的文档”，这位几秒钟前对UFO

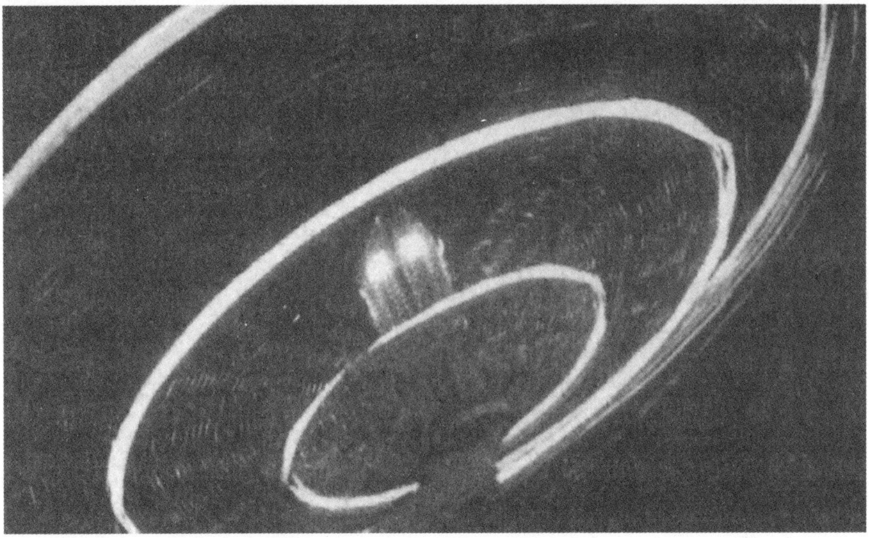

存在的可能性还嘲弄不已的官员说，“他是个麻烦人物”。这位官员接着说詹姆斯欠着好几位使馆人员的钱，然后又问是否知道他目前的下落。最后含蓄地向我们提出了警告。

虽说我最不愿意其他人处于阿曼和我所处的困窘境地，甚至生命都受到了威胁。但同时又高兴让别人也体验一下由詹姆斯这个名字激起的妄想症，也乐意让别人查出我们已查实的一些重要细节。

重视此事的还有杰·赫塔克博士。他是科学探险组织（其宗旨为“用科学方法解决人类问题”）在美国的学术和科学负责人。此外还有冯·布特拉男爵。这两人都曾到过凯拉哈瑞。布特拉男爵还愿意资助我与他随行。在南非情报部门的朋友已告诫我不可愚蠢地踏上南非的土地，因此我不得不辞却他的好意。

赫特拉从南非回来后告诉我说他从南非军方获得的消息证实了UFO的坠落。他未曾言及细节，因为他和我一样要保护给自己提供消息的人。

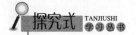

确有此事

不过，最大的突破是在1989年底。我的一个亲密伙伴出席了在伦敦举办的外交宴会，这次宴会本与他的UFO调查毫不相干，但他偶然发现自己与博茨瓦纳的环境部长皮特胡克·塞瑟同桌共餐。UFO成了他们的话题，我的朋友提到了凯拉哈瑞事件。

桌子上的人都不相信，还笑我的朋友容易受骗。他坚持说自己有证据。这时，塞瑟先生说他虽然不相信，但可以去查询一下。几个月前，那位朋友在另一次外交宴会上再次遇到了这位博茨瓦纳人，这回塞瑟先生找到了他并当众说："我查了你说的凯拉哈瑞事件，确有其事。不过让我吃惊的是你怎么可能比我先得知此事呢？"由于UFO在博茨瓦纳边界坠落，他本来以为会有人告诉他。自从我在约克郡会议和后来的德国会议上公开报告了凯拉哈瑞事件，随之而来的是一连串

的国际宣传。其中大多是无稽之谈。美国的一份报纸把我描绘成英国安全局的特工，而阿曼则成了克格勃的人。有的报纸描述美国空军人员在飞碟内与外星人共处。有的报告说飞碟里发现一具人类尸体。甚至有报道称飞碟的一侧有通用电器公司的标志，由此可见是美国制造的。

面对种种报道，阿曼和我只有苦笑。我们的大部分调查因此类报道而变得如此可疑，所以我们最终或者觉得此事好笑，或者不抱幻想，陷入绝望。但是，除此之外，也还是有一些好处的。当整个世界，包括许多著名的 UFO 专家都把它当做笑话时，我们就可以静静地调查，而不会遇到太多阻碍。

第六节　UFO 调查：刀尖上的舞蹈

如果说部分调查者没有把我们当回事的话，那么政府可没有看轻我们发现之事的重要性。几位好友都告诫我要言行低调。他们在美国情报部门认识一些有地位、有声望的人。我明白他们所言非虚，但这些威胁遥远不着边际，吓不倒我。

我们有办法阻止你

可是 1991 年 5 月，宝琳和我前往美国亚利桑那州的图森参加世界 UFO 大会时，就与他们短兵相接了。那天我就凯拉哈瑞事件发了言。晚上，宝琳和我坐在假日酒店的休息大厅里与几位老朋友谈论当天的情况。当时大多数与会代表也在那儿。这些老朋友都是美国研究UFO的专家。其中两个在军队任职。这时有两个人走过来，想和我们一起谈谈。

我的美国朋友们立刻起身离去。从他们的表情可以看出他们知道这些穿着暗色西服的人是干什么的，因此不愿多留。而我恰恰相反，兴趣盎然。也许由于我是英国人而非美国人，所以不用害怕这些可能是美国中央情报局特工的人。他俩都是30多岁，短头发，肤色健康，看起来和四处散开的与会代表没什么两样。我想知道他们要说些什么。他们和我玩了个小把戏，一个唱红脸，一个唱黑脸。对我这位前任警官来说，这太熟悉了。好好先生不停地发问，而讨厌先生却一声不吭，目不转睛地盯着我。好好先生说美国政府派他们来警告我。

“做这些事，你们要谨慎。如果我们愿意，就能阻止你们。以后要非常，非常小心”。他说道。

我告诉他，此类警告多年来不绝于耳，没有人能吓住我，当然，我也不会害怕他们两人。和他一样，我说话时语音平静，没有抑扬变化，脸上还带着微笑。他也笑着说：“别犯错，我们有办法阻止你”。

我回敬说，你们的手段世人皆知，但威胁我时别忘了我并非孤军作战。有很多人在帮助我。“我不怕你们，也不怕你们的种种威胁。我来到这儿有事要做，此事未竟，无人能伤害我”。

这听起来有些夸张，但我还是面带微笑地说话。要是从大厅的另一侧看，我们像是老朋友。但桌子旁的气氛极为紧张。宝琳真是给吓坏了，不过没有显露在脸上。讨厌先生一动不动，死死地盯着我。我又一次默默地感谢上帝，幸亏我受过警察训练：过去我曾被一些超级恶棍死死地盯过。我看穿了美国人的伎俩，把他们的威胁气势仅仅当做一种花招。

离开前，好好先生改变了策略，问我们的美国之行感觉如何，又问我们去没去过图森周围的地区。听说我们没时间参观时，他提出要带我们去沙漠看看。我不想露出一丝胆怯，于是同意第二天在旅馆大厅见面。

我的同事在等着

中央情报局的人走后，我的美国朋友对我愿意与特工同行大吃一惊，力图劝阻我。宝琳也害怕出事，坚持要和我同去。第二天早晨，我们看到旅馆门前停着一辆四轮驱动，装有天线的越野车。那俩人见宝琳与我同去，感到很惊讶。上车时，我假装忘带了东西，要回去取。转身时我丢下一句话："咱们不会超过一小时，对吧，我的同事们在等着呢"。

我再次上车后，他们开车出城，一路无话，向没有人烟的沙漠驶去。后来他们停下车，好好先生开口了："我想再次告诉你，以免你不明白。你们告诉人们的事不宜在公开场合谈论。不论你身在何处，我们都可以阻止你，不只是在这个国家"。

这次我比前一天晚上更紧张些，但从逻辑上说，他们不会在众目睽睽之下把我们带走后，又冒险伤害我们。我再次重申我不会被吓倒。好好先生耸耸肩，露出了笑容；我想这笑容发自内心，甚至讨厌先生脸上的表情也稍稍放松了一些，我猜他们也许因我的无谓而心生敬意。送我们回旅馆的路上，他们回答着宝琳关于美国生活的天真问题，大家好像是亲戚一样。我们下车后，好好先生也下了车，对我们说道："我们喜欢你俩，你们人不错，但是还请小心。"这话听起来好像他的警告不仅仅是口头威胁，而是确有可能。然后他突然奇怪地问我是否想要张详尽的金星和火星地图，我说当然想要。

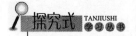

接下来的会议时间中，我再见过他们。6 星期后，我惊讶地收到了一份来自"美国政府"的管状包裹，里面是金星和火星的详细卫星地图。这两份地图我保存至今。我们从未给中央情报局的特工留过地址，但他们知道我的地址也不足为奇，也许寄来地图是提醒我还在受监视。

不有趣的游戏

几星期后，另一份提醒到来了。那天我和平时一样在楼上办公室里处理 UFO 热线电话和积压的信件，这时门铃响了，然后传来宝琳和一个带美国口音男人的声音。我还没来得及下楼看看，宝琳就把那个人带进了我的办公室。他的胡子刮得干干净净，留着平头，年纪不大。他说他对我的工作很感兴趣，因此过来和我聊聊。我问他身为美国人，在约克郡做什么，他说在海尔盖佛工作。我立刻问"曼非斯山冈?"他点点头。我马上意识到他来自美国的秘密通讯和追踪基地，那儿离我家 25 千米，是世界上最大的监听网络的组成部分，受国家安全局控制。国家安全局是一个遮遮掩掩的美国组织。UFO 调查者常认为国家安全局是"永远别说话"的缩略形式，与国家安全局相比，中央情报局就只能算是童子军了。正是国家安全局最终监控美国全部的情报收集，因此存有大量的有关 UFO 的文件和报告。

我们有礼貌地绕着圈子说话。我问他在曼非斯工作和对UFO感兴趣是否是巧合，是不是因为职业的原因来找我。他微笑着向我保证他的兴趣只能算是业余爱好。双方都明白这是假话。几分钟后他便走了。我知道他来的目的是告诉我他们正在对我进行监视。

我对此确信不疑。我常为一些家常琐事比如购物或看望在25千米外住的女儿而驱车驶过约克郡荒野，这时会有人跟踪我。不过跟踪者从来也没有跟得上我。他们也从没有惊扰过我。从某种程度来看，我视之为游戏。我经常掉转车头，改变路线。一方面是难为他们，一方面也是确定他们是不是在跟踪我。有一天晚上，我们夫妇俩离开农场，沿着一条0.5千米长的小路行车。那地方很安静。但一驶到大路上，本来对着小路人口处停着的一辆开着车灯的车就跟上了我们。我非常熟悉这一带的地形，这下我乐了。我开快车绕过几个弯，把那辆车拉了几百米远。当我驶进一个熟悉的小村庄时，我快速转了一个左手陡弯，一下子停在弯外的停车道上，敏捷地熄了车灯和引擎。等那辆美洲豹XJS转过弯，从我们旁边开过时，我又开车尾随他们。开到山脚下时，遇到了分叉路口，他只能选一条路，我就迅速地上了另一条路。穿越田野时，我看见他在调整方向，返回头要再跟上我。我不动声色地把他引至我家门前，他马上就开走了。坐在前排的宝琳不喜欢我这么做，她认为这种游戏会惹恼对方。

对凯拉哈瑞事件的再分析

所以我确信，公开凯拉哈瑞事件已经吸引了众多人的视线，与较大的UFO事件一样，它也引发了国际阴谋。阿曼和我对如此逼近整个事件的真相感到有些不寒而栗。我们公开的消息大部分源于詹姆斯的伪造文件，不过正如我们所见，这东西在许多方面都描述得相当精确。飞行器的速度和在沙漠中被击落的位置引出了许多饶有兴趣的调查。

威廉·特拉维司是美国空军的退休军官，他从坑的大小和冲撞的角度算出了冲撞速度大约为每小时 1500 千米（即伪造文件中所指的“更快速度”），并由此推算出 UFO 的飞行高度正好可使幻影战斗机得以拦截。他的研究表明，战斗机飞行员接到临时命令时才不得不准备起飞，但这似乎又不可信。南非毕竟处于紧急状态，再说我们已得知北美空防联合司令部在跟踪这一目标时可能事先通知南非他们的领空将被侵犯。英国皇家空军的飞行员在 6 分钟内即可紧急起飞，我敢肯定南非飞行员的反应速度会更快些。

詹姆斯的伪造文件虽然提供了细节，从而可以进行此类计算，但其中也有一项重大错误，并由此导致了一些问题，即“两架激光炮”。这回过目不忘的詹姆斯记错了。后来查明使用的是微波激射武器。这种武器自 50 年代以来一直在不断地完善，也与古森少校提到的令人炫目的闪光相一致。

美国空军的一位退休上校证实，美国研制微波激射武器用来装备 F-14 雄猫战斗机。除此之外，世界上具备兼容技术（从而可以装备这种武器）的机型只有幻影。而且，美国人已悄然售出两套这种武器系统，以获取进一步完善所需的信息。不过，上校不知道买主是谁。既然只有法国和南非拥有幻影战斗机，那么可想而知，正是这两个国家购买了这种武器。

我收到的有关凯拉哈瑞事件的新信息慢慢地变得越来越少。

外星人的尸检

不过，1997 年带来了一个令人惊讶又心存感激的突破。一位熟人对我谈起一名女科学家。凯拉哈瑞事件发生时，她在格鲁特医院（这家医院因完成世界首例心脏移植手术的外科医生克里斯丁·巴纳得而出名）工作。

据我的熟人所言，外星人的遗体寻获后运往格鲁特医院解剖，而这位现居欧洲的女士当时就在那家医院里工作。我打电话和她联系，她强辩了几分钟，然后终于承认确实对外星人进行了尸体解剖，当时有不同领域的专家在场。外星人和我们相比最显著的区别是没有明显的性或者生殖器官、免疫系统和消化系统。她的描述与经典的“灰色”外星人非常相似——小个子，光滑的灰色皮肤；没有毛发；头大，黑色的眼睛呈椭圆型。

她还讲到所有参加尸检的人都受到警告，要对此保持缄默。她说出来只是如今已不在非洲——离开的原因是她发觉医院经营恶化。尸检后不久，她曾试着想把结果从医院的计算机上打印出来，可是该文件已被删除。我问是否能通过她与在场的其他专家联系，以证实她的话。她说她不敢冒这个险。和涉入此事的其他人一样，她的声音里透出恐惧，即使事情已过 8 年。

她讲述的情况在我们先前的资料中已经提及——坠落现场的全部尸体和飞行器设施都被运往怀特派特森空军基地——这确认了一些基本事实，因而意义重大。我只能猜测，或许是美国人同意南非保留一具尸体，也许——这种解释更为可能——南非在美国的大队人马到来之前，秘而不宣地运走了一具尸体。

慢慢地，许多原来怀疑凯拉哈瑞事件的人站到了我们一边，尤其是不辞辛苦做了一番调查的人。如果每个关注此事的人都认为詹姆斯的文件乃伪造之物，但又认为它促使了我做调查，并提供了许多可以被查证的信息，那么，凯拉哈瑞事件也许会与罗斯韦尔和雷德山森林一样，成为意义深远的事件。

我相信这一点。

但是，对像凯拉哈瑞事件之类的调查只是我工作的一部分。在初次目击 UFO 后不久，我就开始思索许多调查者都可能回避的一个重大问题——假如外星人来访地球，那他们感兴趣的是什么？结论必然是他们在研究我们人类。这个问题的答案引导我走人我的工作中可能最为重要的一面——当然也是最有争议的一面：调查对人类的劫持。

知识链接一

UFO 的四种解读

自然现象：某种未知的天文或大气现象，地震光，大气碟状湍流（一些科学家认为 UFO 观象是由环境污染诱发的），地球放电效应。

对已知现象或物体的误认：被误认为 UFO 的因素物体有天体（行星、恒星、流星等）；大气现象（球状闪电、极光、幻日、幻月、海市蜃楼、流云）；生物（飞鸟蝴蝶群等）；生物学因素（人眼中的残留影像，眼睛的缺陷、对海洋湖泊中飞机倒影的错觉等）；光学因素（由照相机的内反射、显影的缺陷所造成的照片假象，以及反光所引起的重叠影像等）；雷达假目标（雷达副波、反常折射、散射），人造器械（飞机灯光或反射阳光、重返大气层的人造卫星、气球、军事试验飞行器、云层中反射的灯光、秘密武器等）。

心理现象：有人认为 UFO 可能纯属心理现象，它产生于个人或一群人的大脑。U-FO 现象常常同人们的精神心理经历交错在一起，在人类大脑未被探知的领域与 UFO 现象间也许存在某种联系。

地外高度文明的产物：有人认为有的 UFO 是外星球的高度文明生命制造的航行工具。

知识链接二

《星球大战》的现实版?

据目击者称，黑色三角飞行物的外形确实令人印象深刻。比如，美国发现科学研究所的报告提到，一位美国妇女 1998 年 10 月就曾在自家屋顶看见一个巨大的物体。当时，在那个不明飞行物进入视野的时候，她立时看不见眼前明亮的夜空，视线完全被那个庞大的飞行物遮住了。

她报告说：“忽然之间，这个庞然大物发着蓝光出现了，就像完全暴露的星舰，我没有开玩笑……它非常安静，我几乎无法相信眼前的一切，它非常庞大，大概有 500 英尺左右，这让我完全看不到天空。”这位目击者回忆说，她当时粗略计算了一下，那个三角飞行物大概有 200 英尺宽，250 英尺长。

在研究美国出现的三角飞行物的过程中，美国发现科学研究所还参考了从事美国和国外三角飞行物研究的作家和研究人员的作品。这些分析分为两种观点：第一种观点坚持三角飞行物是人造的，而另一种观点则持完全相反的意见。

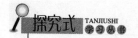

美国发现科学研究所的评估报告最后总结："就现在而言，区别这两种观点还极其困难，因为第一种观点与国家安全考虑相一致。虽然有大量三角飞行物出现的证据，但迄今尚未有可靠证据证明第二种观点是正确的。"

第七章　另一个世界的信使

第一节　不明飞行物的感应者

我是在 1966 年三、四月间认识乔治·费里先生的。那年 2 月的一天，我在白天看见一个发光体飞行在尼斯海湾上空。为了进一步了解此类现象的真相，我与当地的研究人员取得联系，他们当时尚未用飞碟学家这个名称。我接触了一个小小的民间团体，这是一个非正式的业余爱好者联谊会，每 15 天在尼斯市艾瓦德夫妇家聚会一次。这个组织爱好广泛：研究不明飞行物、通灵现象、特异心理学、预卜能力、算命看相等等，况且他们不光是聚会交流信息，更主要的是在一起进行切实的研究探讨。而且这样的研究探讨的气氛十分和谐，女主人艾瓦德太太每次都事先为大家精心制作冷餐，以助同好之兴。

在那个时期，乔治·费里先生大约 50 岁，他在尼斯一家电缆厂当技术工人，专门负责工业用变电器的生产。他家在尼斯北边的一栋别墅式房子里，与另两家人合租。这是一个不大的但是十分温馨的家庭，房间里摆着一些书，墙壁上挂着他父母亲和从前的女友的照片，照片随着光阴的流逝都已经发了黄。屋子里还放着一些随便捡来的玩意儿。

他在认识我两三个月后才同我说话，无疑是为了很好地观察我这个不速之客。与这个小团体的其他成员相比，他是个沉默寡言的人，不爱交谈。他勤学好读、自学成才，他的知识远远超过一些受过高等教育的人。他对世界有独到的看法，他有惊人的直观能力。他走亲访友的时候，总是由他的一个亲戚亨利·佛雷司给他开车。

感应 UFO

1966 年的一天夜里，乔治·费里先生和亨利·佛雷司先生来敲我家的门，他们是顺便经过我住的那个小区而来拜访我的。当时大概已经 21 时。百叶窗早已关闭，我们在温柔的灯光下展开话题。突然，乔治·费里脸色发紫，同时我家收音机不断发出噪音。就在这个时候，乔治·费里挺起身来庄严地宣布说：有两架不明飞行物现在正飞行在我们的上空。我和他的司机朋友亨利·佛雷司赶紧跑到阳台去观察。

在湛蓝的天空果真有两个发亮的物体由西北朝东南方向飞行。一个开始减慢速度，另一个赶上它，接着第一个又加快速度飞在前面，仿佛在竞赛似的。最后，那两个飞行物平行着双双消失在南东东方向的天空。这时，收音机里的噪音也停止了。乔治·费里先生当时完全处于神志恍惚状态，这是我第一次见他这副模样，从前和后来我再也没见过别人进入这种状态。

他的亲戚亨利·佛雷司先生对他的失神状态没有什么特别吃惊的

表示，只是淡淡地说：是的，同另一天夜里看到的巨大的三角形发光现象差不多。

1966年的另一天，也许是1967年初的一天，乔治·费里给我看了他自己制造的一个十分古怪的东西：用一架破旧的望远镜加工的一个金属管子，看上去没有什么特殊之处。他将目镜改造了一番，用这根管子观察天空。在他一再敦促下我用管子看天空，感到它能够比普通望远镜放大两三倍。

他告诉我，靠着这架所谓的望远镜，他看到一些不明飞行物正在尼斯上空交叉飞行。怀着不信任的思想，我低声问他：什么不明飞行物？

他没有回答我的问题，却在桌子上摊开一个纸盒，里面有许多彩色素描，是用小学生的彩色笔画的。我看到那是些与我们常说的飞碟毫无共同之处的奇怪飞行体：一些五彩缤纷的圆圈，周围有紫色或红色光芒，还有三角形物体，旁边有巨大的方位灯，还有方形舷窗以及射着强烈光芒的长方形。

在那个时期，我的脑袋里的UFO形象只是一些螺母、螺帽一类的飞行体，它们来自另一个星系，或者来自我们银河系以外的宇宙飞船。因此，乔治·费里如此频繁地看到这些古怪的飞行物，在我看来是头脑发热的结果。我断定他患了急性精神病！

在一段时间里，我看不见乔治·费里了，除了在艾瓦德夫妇家聚会时有时能同他碰面外。

到了1967年末，我订阅了英国优秀的著名杂志《飞碟》，它经常报道美国、英国和英联邦各国发生的不明飞行物事件。我吃惊地发现，该杂志刊登的一些UFO报告同乔治·费里的素描之间有许多相似之处。不久后我看到一位朋友画的他所目击的不明飞行物的图片，与乔治·费里的一幅素描一模一样，而乔治·费里是通过他的那架土制望远镜观察到那个 UFO 的。

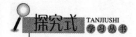

我同乔治·费里恢复了联系，希望对 UFO 了解得更加深入。我向他打开了私生活的秘密，毫无保留地向他叙述了我的过去，就这样我成功地赢得了他的信任，使他下定决心向我打开心扉。

乔治的力量

早在第二次世界大战期间，乔治·费里被德国人俘虏，关在德国的监狱里。战后他恢复了自由，回到了尼斯，在该市北部的一间单身公寓住了下来。在那个时期，市区并没有全被房屋覆盖，空地很多，他住的那个街区正好在城市与农村的交界处。他住的那所旧楼面向田野，他的窗户开向一个内院。

一天中午，他正在窗前把午饭剩的面包碾碎后撒给院里的鸟儿吃。突然，一个透镜状的灰色物体落入内院，乔治·费里看到它在高速旋转。当时乔治·费里以为是从邻居的窗户里掉下的儿童玩具。这个东西比汤盘大不了多少，它继续在旋转着下降，发出嗡嗡的声响。当怪物落到乔治·费里的窗前时在空中停了片刻，向旁边移动，然后……在他的眼皮下消失了，只留下一股蒸气或灰色灰尘一样的雾气。乔治·费里怀疑自己大白天做梦，或者自己的眼睛出了毛病，他不明白自己看到了怎样的东西。当时，在 1946 或 1947 年，美国人刚刚开始谈论飞碟，但是没有人提到比盘子大一点的碟状飞行物，更没有听说这样的东西会转眼化成一股烟雾。乔治·费里向一位女亲戚谈了自己见到的事，后来又向身边的一两个人提起过。可是听者都不以为然，他便不再向任何人透露此事。

渐渐地他发现自己能够在无意识的情况下找到丢失了的东西。比如在乡下，他感到有一种力量吸着他朝地面看，于是他仔细查看地面，发现一枚金戒指或者是一个史前时期的古董……1967 年，他在尼斯的住房里到处摆着这样找来的物品。

第二节　乔治的地图册：用途不明

一天夜里，我们讨论是否能够预测不明飞行物着落的可能性，乔治·费里从一只大纸盒里取出一本米歇林地图册。我注意到地图上画满了星星和纵横交错的线条。乔治·费里手指着一颗星告诉我说：这块地方很快会有着落事件，或者会发生相似的事件。数月后，通过某家小型刊物，一条信息传到我这里，在乔治·费里指的那个地方果真发生了一起近乎着落的不明飞行物事件。用乔治·费里的话来说，那是一次 UFO 半着落事件。

早在得知此事之前，我曾经问过乔治·费里，他是根据什么在地图上画出那些线条来的。他说他是凭某个力量的引导画的，画线的已经不是他自己。在画完星星或线条之后，要等待一些时日，有时要等数月，才能有证据证实他的图画。后来我又问他，是否能够主动引发 UFO 事件，换句话说他能不能呼唤 UFO，而不要像往常那样被动地等待 UFO 或偶尔碰上 UFO。他的态度变得十分庄重，迟迟不肯正面回答。他觉得这样的做法会很危险，但是他说他不能向我详谈危险的理由。

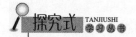

在那个时候，乔治·费里同他的亲戚亨利·佛雷司在尼斯至香水镇格拉斯的公路旁的巴苏露村有一小块土地。这片土地地处山谷里，阳光难以照到，因而终年阴暗寒冷。土地一角有一间小木屋，完全是用捡来的木板搭起来的，很不牢固。乔治·费里告诉我，有许多次他睡在矮屋里时听到摩托车的马达声，然而周围连一个人影也没有。一天夜里大约4点来钟，他听到一个马达声从小屋上方经过。

1966年6月18日清晨，一个不明飞行物出现在山谷上空，好几个目击者报告说，那个UFO在山谷里着落，当地的镇长巴比艾先生就是目击者之一。

在一张弄脏了的地图上，几条空中线路与一个星号交叉，交叉点正好在瓦雷特山丘顶上。乔治·费里先生画这样的图的时候是否受某个外力的引导，或者处于恍惚状态，或者是在事情发生以后补画上去的？我想不会是补画的，因为地图已经相当旧了，连纸也有点发黄了，那上面的线条似乎有磨损的现象。再说，在米歇林地图册的封面上乔治·费里明明注上1962年7月的字样。有趣的是，地图上的线条和星号标到的许多地方是乔治·费里先生从来没有去过的，后来的事件证明他标的线条和星号同发生的不明飞行物事件完全吻合。

先知先觉

一天，当着我的面，乔治·费里画了一个停落在地面的典型的飞碟状不明飞行物。那是一架透镜状盘形物体，四周有各种不同类型的方位灯。画完后他沉默了片刻，接着对我说：在这些舷窗后面有一个东西在不停地旋转，其旋转的方向为逆时针方向。几个月后，英国的那家著名的《飞碟》杂志发表文章报道，美国一位目击者看到一个与乔治·费里画的完全相同的UFO，其光果然沿逆时针方向旋转。

一个星期天，我和一批朋友邀请乔治·费里去瓦尔省一条公路旁的巴袅勒一昂富雷村，这个村庄坐落在一个大森林里。在该村的旅店里美美地吃了一顿饭后，我们决定到森林里去走走，以便放松放松。乔治·费里走在人群一旁，神情十分专注的样子，一句话也不说。时不时他离开我们，到某个地方捡点什么。我们大约走了一个小时，他回到人群，向大家出示他捡的东西：史前时期神秘箭头的黑色化石。我们大家也散开去寻找，试图分享如获至宝的喜悦，可是我们谁也没有他那样的运气。一个细节很有意思：傈罗·费里的视觉很糟糕，平常他一直戴着眼镜，但是在森林里捡化石那天他根本没戴眼镜。

他继续用他的土制望远镜观察到形状古怪的不明飞行物。

获利者

乔治·费里对UFO的看法十分独特，尤其在那个时期（距今已有30多年了）。在他看来，不明飞行物可以随心所欲地改变形状和外貌；它们也许能够同地球人接触，唯一的条件是要对它们有利。它们偶尔也劫持地球人，但是并不一定归还被劫持者。最后，他认为必须提防不明飞行物。提防什么？我始终没有得到答案。为什么呢？因为乔治·费里没有能力向我解释清楚。不过，他不相信会发生UFO大规模干预地球、拯救人类的事。他认为UFO就在我们这里，做着它们应该做的事情。可是它们可能做些样子，让人认为它们有朝一日会来拯救人类（顺便提醒一句，当时我们正处于严重的冷战时期，战争随时都有可能爆发）。

早在那个时期乔治·费里就认为，不明飞行物在利用回归大气层的东西（陨石、人造卫星等等），以便出现在我们的地球空间。

未交代的故事

我保留着乔治·费里画线和星星的三本米歇林地图册，都是有关法国东南部的地形图。当时每册地图只卖1.5法郎。他常画线的是阿尔卑斯海滨省那一本图册，里面贴满了胶纸，后人根本不可能在上面做任何修改。经过反复核实发现，乔治·费里画的UFO飞行路线所涉及的UFO事件都发生在1971年到1985年之间。他说他画这些线条的时候，他的手服从一个看不见的力量。只是等到1992年他才把地图册交给我。所以我可以说，在1992年前别人不可能涂改手册。随着时间的流逝，绿铅笔的颜色已经深深地渗进纸里，有些地方甚至变得十分模糊。当他把这些地图册送给我的时候，他已经感到得了病，身体十分疲倦。他在德国坐牢期间得过肺结核，这个病似乎常常给他痛苦，因此他决定在去世前将一部分工作成果交代给朋友。这至少是我对他的印象。

摆在我眼前的地图显然是达季尼昂地区，这是一个近距离接触事件的高发区。其中有一个近乎着落的UFO事件发生在1971年，但是乔治·费里在1967年就标出了出事地点。可见这位朋友似乎有先见之明，预测UFO的来临。

根据乔治·费里解释，这些飞行器是依据它们自己的系统出现在我们的空间的，它们的系统同我们的系统毫无关系，他画的线条和星星只是表明我们可以看到UFO的地点。

举一个新近的例子：让·西岱正在发表别人从来没有研究过的1954年法国UFO大浪潮期间的UFO案例。他提供的法国南方发生的飞碟事件名单里，许多案例都可以在乔治·费里画的地图册中找到。又比如1989年11月25日13时30分发生在塞雍苏司镇附近的一起UFO案例，我们在乔治·费里的地图上看到，目击者处在一条线的正中，而这本手册的年代是1960年。这说明这位朋友能够预见UFO来临的时间和地点。

第三节　注定分裂的人生

毫无疑问，乔治·费里的预知能力与众不同，主要集中在对不明飞行物的预测上。我们不妨可以说他受到一个他自己也说不清的外部力量的控制。他明白自己受到控制，但是完全不知道谁在控制他，又是怎样控制他的。如果乔治·费里生活在宗教裁判所横行的时代的话，他一定会遭殃的，因为他无疑会被指控犯有与魔鬼狼狈为奸的罪行。我们注意到乔治·费里对不明飞行物有自己独特的见解，似乎可以说他的见解很前卫，因为在60年代，飞碟爱好者们还处在把飞碟现象视为外星飞船的水平上，那是飞碟学的初创时代。可是，乔治·费里那时候就已经知道UFO不是目击者们所认为的那些东西，而是更为复杂的现象，然而他又说不清究竟是什么现象。他知道UFO是个多变的东西，一些地方比另一些地方容易发生UFO现象，它们存在于我们的地球环境里，目的与其说是为了帮助地球人类解决面临的严重问题，倒不如说是为了它们自身的需要。这就是乔治·费里先生观点的前卫性。

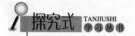

也许会有人会认为，像乔治·费里这样的人只是个案，或者说是调查者编造的一个查无所出的故事，那么下面的故事是不同国家的不同调查者发现的情况。你会发现，像这样的故事绝不仅仅停留在个别人的个别情况中。

神秘人

勃·斯塔盖尔在《与外星人相遇》一书中收集了非常有趣的资料。

1962年在冰岛，几个精明强干的年轻人决定在一个小村子的工厂里扩大鲱鱼的生产。这时有一帮神秘人偷偷住在了当地，侵占了一块土地。当地人就让这几个年轻人到神秘人占领的土地上去建厂，小伙子们只是笑笑，他们不怕，因为他们有可靠的机器、许多硝酸甘油炸药和结实的凿岩机。

但是凿岩机的齿一个接一个地折断了，工程无法顺利进行。随着时间的流逝，工程终于停下来了。倔强的工程主任终于去求助于一位老人，据说这位老人能跟神秘人取得联系。老人在迷睡状态中跟神秘人会面了，原来神秘者也选定了这块土地，但他们同意迁到别处去，只是需要5天时间。5天后重新开工了，一切又恢复了正常。

如果不知道这件事的背景，这件事听起来非常奇怪。那么现实和民间传说之间是否有界限呢?

叛乱的天使

在斯堪的纳维亚和不列颠群岛的古老民间传说中有魔力的人被认为是超自然的人，他们生活在地下自己的王国中。魔法师跟人有相似之处，但他们知道的事情比普通人多。不能仅仅认为他们是“虚幻”的，而应认为他们是介于人和天使之间的人。

经常参与人类活动的中间人有时能给人类带来好处，有时并非如此……

东方的史料中常把埃尔弗（自然神）想象成叛乱的天使，他受恶魔的离间，在造反时被逐出了天国。被放逐的天使在地面上有第二个家园，他们能变成人的模样，成为人类的丈夫或妻子，并生出了杂交人种。传统中埃尔弗被研究者认为是神秘的人种，他能模仿人的外形，同时具有双体现象，虽然他比微小的格莫·萨比恩斯强大得多，能力强得多，但它对人类的依赖性很强。

显然，埃尔弗的形象在各大洲文化中都有所反映。Puckwud jinies是北美洲印第安人的一个词，意思是“一个正在消失的人种”。埃尔弗是罗宾汉的朋友，莎士比亚在《温柔的巴克》中暗中嘲笑那些狂妄之徒，无论是活着的还是死去的人中常有狂妄者。在德国和斯堪的纳维亚的古代文学中总结性地称狂妄的人为“巴克”，“巴克”一词相当于德语中的Spuk（家神）、荷兰语中的Spook（幻影），在爱尔兰语中是Pooka，在科尔鲁埃里是Pixie。取下Pockwudjini这个词的后缀jini，我们将得到阿拉伯神话中的“妖精”一词。

从北美草原到亚洲沙漠地区的人都知道存在着来自平行世界的高智能人。他们跟地球人有相同的习惯，相同的目标，相同的游戏规则。

魔术师能对人施魔术，既能给人类带来好处，也能带来不幸。他能帮农场主收割庄稼，不允许懒散的猎人捕获太多的野禽。

怎样来认识UFO的本质呢？古代的宇航员和魔术师的故事交织在一起，我们可能会从许多世纪前的神话和传说中找到问题的本质……

不同时代的同一类

那么我们又该怎样看待像乔治这样的“外星通灵者”呢？

我觉得可以这么说，无论是不明飞行物、幽灵、无形的东西的存在，还是灵魂现形、黑衣人的出没，甚至是古怪的类人生命体的造访、远距离心灵感应，或是预兆性梦幻、离奇的梦境和出乎想象的场景，这一切实际上都出自一辙，同属于一个怪事的“根族”。换句话说，这一切奇异现象的共同背景是不明飞行物。

因为时代的不同、观念的差异，UFO可以被看做或解释为各种不同类型的怪事。因此可以认为，奇异现象能够适应具体背景来表现自己。仙女、神灵、天使、魔鬼，它们都可以变成当今的“外星人”出现在我们的目击者眼前，于是便演出一幕幕生动离奇的出人意料的场景。十分明显，那些实体都是演技极佳的演员，它们善于利用地球人的所有弱点，滥用人类的轻信和好奇，煽动人们猎奇心理，使人类对它们的迷信达到登峰造极的地步。通灵者、智能超常者以及其他所有特异功能者其实都不过是我们这个世界与我们试图辨别的另一个层面之间的中介分子。换句话说他们都是传递信息的人，因为那些实体通过这些人来影响和改造轻信它们的言辞的人们的行为和意识。

这样的操纵从表面上看来似乎是令人失措和难以理解的，实际上这种操纵属于另一个层面和另一个水平，我们的研究人员今天和今后很长一个时期里恐怕无法理解这样的操纵。个中原因十分简单：很少的研究家承认，在我们这个层面与另一个层面之间有一步要逾越。如果光是就事论事地隔靴搔痒，一辈子也触及不到问题的实质。

我们面临的是一个十分高级的智慧，它能够对物质的粒子施加影响，能够使不明飞行物物质化和非物质化，能够使活人与死者对话，能够逆时或超时旅行。

心灵沟通

自古以来，一些条件特殊的人能够同比我们地球人高级的实体进行心灵沟通，他们似乎生活在一个脱离物质世界的非物理层面中。他们中的许多人甚至有幸看到神奇的显灵、幻觉或带有预言性质的梦境等现象。他们培育和发展了惊人的特异功能。这是一批具有超级感知能力的人，他们如今活跃在世界各地，其中一些人对当今的飞碟研究做出过不可低估的贡献。

前面我们说条件特殊的人，并不是说他们处于优越的地位，因为他们中的许多人由于具有通灵能力而有过曲折痛苦的经历。如今我们知道，构成通灵者个性的所有因素（如同构成被劫持者个性的所有因素一样）大部分属于骗人的把戏，连通灵者自己也是骗局的受害者。于是我们要说，一些接触与其说是好的倒不如说是坏的，与其说是正面的倒不如说是负面的。我们不排斥有积极意义的接触，换句话说是用正面的东西压倒负面的东西。

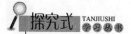

每个人具有的通灵能力都是独特的，每次接触也都是与众不同的，即便某些心灵感应的信息十分相似也罢。不过，每个灵媒的操作方式和进程都是不同的，有的甚至完全相反或背道而驰。人们似乎可以得出结论，同通灵者打交道的实体来自不同的星球。其实不然，当我们对通灵者的言辞进行一番分析之后，剥去层层华丽的色彩，我们就看到他们所使用的技术底蕴，即用所谓的心灵感应信息来欺骗世人。实体的多样性之说仅仅是一个相当高明的引人上钩的诱饵，是用来操纵人类社会的巨大骗局的有机组成部分。我们将在后面的文字里证明这一点。用更加明白的话说，我们要揭露这部分灵媒骗人的弥天

大谎。真正的通灵者并不控制他们的“天赋”。声称能够控制自己的“天赋”的通灵者十之八九不是走方郎中就是半吊子，不可能是名副其实的具有真本领的灵媒。还有一些通灵者，他们的确有一些这方面的天赋，但是经他们那张三寸不烂之舌一叨咕，天赋突然膨胀，于是天赋便走了味，他们便吹嘘自己能够做出连真正的灵媒都不能做的惊人大事来。结果，我们对这些人本来具有的那点本事也产生怀疑。真正灵媒的本领不是随心所欲地呼之即来马上发生效应的，恰恰相反，这种本领是在无意识、无准备、无欲念的情况下突然自发地发挥作用的。总而言之，名副其实的灵媒仅仅是个被动的工具，往往是在不自觉或被动的状态下为某个意志所操纵、所使唤，他们对这个独立于他们之外的意志毫无控制能力。换句话说，通灵者的本领或天赋仅仅是一个超人（或者叫阿里安人）的无比巨大的能力之海中的一滴水而已。灵媒就是这个超人智慧表现自己某些能力的工具。

也许就是这一点可以解释，为何真正的灵媒绝对不轻易到我们的实验室来接受科学家们的测试，也很少在录像机前抛头露面，以便申明他们的真诚和天赋，他们不需要向别人施展挑战我们物理法则的本领，因为给予他们非凡能力的那个超级智慧不爱屈从于我们的所谓科学，也不喜欢在我们的摄像机前曝光。单是这一点就足以说明一些通灵者在电视台的夸夸其谈和各种令人作呕的表现是多么虚假。

如果利用灵媒的那些实体真想显示一下它们的存在的话，它们理应同政界名人接触，或者同科学界、宗教界的重要人士接触。可事实上并非如此。恰恰相反，它们接触的灵媒就好像飞碟学上的被劫持者，基本上都是些不出名的普通人，在社会上不起任何重要的作用。

由此我们得出一个结论：那些实体种种表现的目的不是要显露自己，也不是要人类社会亦步亦趋地服从它们的建议和教导，而是要实现它们的计划，为它们的利益服务。

知识链接一

死于未知力量

1959 年 2 月 2 日晚发生在乌拉尔山脉北部 9 位滑雪登山者死亡的事件。这个团队的队长叫做 Dyatlov，他们在登“死亡之山”的东脊时发生事故，整队死亡。之后对此事的调查显示这些登山者的帐篷是打开的，他们在厚厚的雪上赤着脚，他们的尸体没有任何打斗的痕迹，其中一个颅骨断裂，两个肋骨断裂，一个舌头失踪，还有一些人被破烂的衣服包裹，而这些衣服又好像是从已死的人身上剪下来的。研究发现，死者的衣服含有很强烈的放射物，尽管这些放射物有可能是后来被添加进去的。但是没有任何证据显示相关涉及。一位调查的医生说三名死者的致命伤可能不是由人造成的，而是一种极端力量。迄今为止这种未知力量仍是个谜。

知识链接二

谁在恶作剧

18 世纪，瓦尔朗一个富裕的庄园主，他在巴巴多斯岛的一个基督教堂里建了一座岩石墓穴。墓穴有一道厚重的大理石门，1807 年托马西娜夫人葬于此。一年之后，蔡斯家族接管这座墓穴，蔡斯家族同样是庄园主，蔡斯的两个女儿分别于 1808 年和 1812 年葬在此坟墓，然而就在她们的父亲托马斯·蔡斯的棺材在 1812 年也被抬进这座坟墓时，人们发现他两个女儿的棺材颠倒了。但是墓穴并没有任何被闯进的迹象。当 1816 年另一位男孩的棺材抬进墓穴时，人们发现蔡斯的棺材又被弄乱了。当时托马斯的棺材是由八个人抬进墓穴的，他的棺材是靠着拱顶垂直立着的。而八周之后这个男孩的棺材抬进墓穴时，有关这个奇怪墓穴的流言传开了。尽管墓穴是密封的，但蔡斯家族的四个棺材又再次处于混乱状态。之后巴巴多斯岛政府官员康博威尔长官出手，在 1819 年命令将这些棺木按秩序排好，并在门上贴了封条。第二年他再次去墓穴时，封条完整无缺，但是里面蔡斯家族的四个棺木再次被打乱。只有托马西娜夫人的棺木还很平静地躺在角落。

知识链接三

刚果恐龙

刚果恐龙被认为生活在刚果河流域。据当地民间故事记载，刚果恐龙长得像大象，有长长的脖子、尾巴、小脑袋，这种描述很符合小蜥脚类动物的外观。动物学家仍在继续追踪刚果恐龙并认为它是恐龙遗迹，迄今为止，只有一些目睹者、模糊的远距离录像以及几张照片证明刚果恐龙的存在。

其中最引人注目的一条证据是有关一头刚果恐龙被杀。1979 年美国俄亥俄州的牧师尤金·托马斯告诉詹姆斯·鲍威尔和罗伊·P·麦卡尔博士在 1959 年一头刚果恐龙在泰莱湖附近被杀。1955 年以来，托马斯一直在刚果传教，他收集了很多关于刚果恐龙的最早证据和记录，并声称他自己就有两次碰到刚果恐龙。泰莱湖附近的土著俾格米人说他们在泰莱湖支流上建了一道篱笆以防止刚空恐龙妨碍他们捕鱼，一头刚果恐龙试图破坏篱笆，当地居民便杀了这头刚果恐龙。托马斯还提到有两个俾格米人在射杀刚果恐龙时模仿它的叫声，之后当地居民举行了一次宴会，刚果恐龙被煮了吃了。但是参加这次宴会的人最终都死了，不是死于食物中毒就是自然死亡。

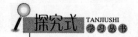